一本书讲透 内卷与反内卷

从战略到执行你需要知道的21个本质

王 磊◎著

华龄出版社
HUALING PRESS

图书在版编目（CIP）数据

一本书讲透内卷与反内卷：从战略到执行你需要知道的21个本质 / 王磊著. -- 北京：华龄出版社，2022.10

ISBN 978-7-5169-2391-7

Ⅰ.①一… Ⅱ.①王… Ⅲ.①成功心理－通俗读物 Ⅳ.①B848.4-49

中国版本图书馆CIP数据核字（2022）第162958号

责任编辑 郑 雍　　**责任印制** 李未圻

书　名	一本书讲透内卷与反内卷：从战略到执行你需要知道的21个本质	**作　者**	王　磊
出　版 **发　行**	华龄出版社 HUALING PRESS		
社　址	北京市东城区安定门外大街甲 57 号	**邮　编**	100011
发　行	（010）58122255	**传　真**	（010）84049572
承　印	香河县宏润印刷有限公司		
版　次	2022 年10 月第 1 版	**印　次**	2022 年10 月第 1 次印刷
规　格	170mm × 240mm	**开　本**	1/ 16
印　张	17	**字　数**	190千字
书　号	ISBN 978-7-5169-2391-7		
定　价	68.00 元		

推荐序一

这是一本少有的通透、通俗的可以上下贯通的管理学书籍

在这个黑天鹅事件不断放飞的时代，每个存活于当下的企业都像个体一样在无下限的内卷中卷得筋疲力尽，找不到好的发展方向，更无法平衡员工利益与企业利益、企业长期发展与短期逐利等各方面之间的关系。所以，对于企业而言，迫在眉睫的，是要为自己找一条不内卷的出路。如何不内卷？其实很简单，就是要明白不内卷这条出路其背后的原理是什么，即这条出路的“道”是什么。

到现在，我做企业已很多年了，发现现有的与管理相关的不管是书籍也好，课程也罢，都非常碎片化，或者说是单方面的专业化，比如讲领导力就只讲领导力，讲绩效考核就只讲绩效考核，很多人说这样不挺好吗？企业觉得哪里短就专门补哪里。可问题是这样会让人搞不明白整体和局部的原理，你怎么知道你以为的短板是真的短板，还是其他短板在你所认知的地方展现出的一个表象？就像清政府以为给北洋水师配备了坚船利炮就能直接横扫亚洲一样，其实清朝的短板不在没有先进的武器装备，而在于国力衰微，政府的腐败无能。因此，再好的局部，如果跟整体不配套，那么最终输出的结果就和最差的局部一样，导致整件事情的失败，我们把这种效应称为内卷。通过很多事件我们了解到，一个组织的领导者在他必须要管理却不擅长的领域，很容易造成巨大的失误，这就是“茧房效应”。

那么组织中的领导者如何才能够知道他不知道的点是致命的点呢？这本书在一定程度上就能解决这个问题。本书最大的特点是系统化、全面化、深度化，且语言通俗易懂，适合各类管理从业者去读，去理解。很多先进的理念会通过聚焦于一个点而很直白地在书中展示出来，如查觉得不错，就可以根据这个点找到相配套的专业书籍去深入学习。

一个企业就如同一个人，人只有在肢体搭配协调，且整体效用大过局部之和的情况下，才能实现人体的协同效应。即作为一个人，不管是头脑还是肢体，或者五脏六腑，各部位都需要相互协调配合地组织起来让一个人去学习、成长，甚至成家立业等。所以，本书最大的意义就在于，它把整个企业比作一个人，将其从“意识”“灵魂”到“肉体”“骨架”再到“各个器官”合理地协调搭配了起来。在这个大的框架下，再看“不谋全局者不足以谋一域”这句话，就知道它基本上等同于一句空话，因为，谋全局所需要的本质太多，而绝大多数企业管理者掌握不了这么全面的能力和知识，像伟人那样的“读万卷书、行万里路”的不世之才，可说是千古一人，是时代造就的极致英雄，不能作为对当下普通企业管理者的要求。

现在是社会化大分工的时代，管理者就专门搞管理，员工就专心做员工。于是，在看似专业又合理的细致化分工下，企业变成了积木，变成了豆腐块，每个分支都很专业，可就是互相衔接不起来，协同不起来。这使得企业对外没有战斗力，企业内部却各自为政，内耗不断。本书在很大程度上解决企业存在的这个痛点，让谋全局与谋一域在原理上得以打通，可以说是探索出了企业经营的本质方法，值得每一位企业家、部门负责人甚至普通员工一读，相信会有巨大收获。

英科医疗是一个国际化的高新医疗制造业企业，在抗击疫情的过程中也努力做出了自己的贡献。面对近几年行业竞争的加剧，也在努力突破自己，寻找新的细分赛道，寻找属于自己的第二曲线。而在内部管理方面也面临着要管理众多新生代员工的挑战，制造业工作本身就比较枯燥乏味，要把很多人捆绑在流水线上，从事重复性劳动，通过多个流程的控制保证产品质量，容易让他们感受不到存在感。年轻员工们从小都是打着游戏长大的，活在二次元中，所以在这样的工作环境中，如何提高他们的工作积极性，如何让工作变得更有趣一些，如何能够更好地留住他们，也是我们已经面临的巨大课题，这本书里面提到了一些思路，比如游戏化场景设计等等，可以借鉴。

什么是内卷？不能以人为人，就是内卷。用过去那种机器一样的企业来服务现在这些人，冷冰冰的没有情感，就是内卷。企业如果照顾不好员工的生活，员工就服务不好客户的生活。现在是产能过剩的时代，时代进步了，人们渴望的更多是彼此价值观一致的小伙伴，大家聚在一起，让自己产生很多美好的情绪。那种不得不痛苦的人际关系，可以通过物理隔离主动隔离掉，所以不是同路人，往往就是路人。现在有能力的企业都在搞数字化转型，转型的目的，其实是更快速地、更精准地找到一群目标客户，进入这群客户的内心，与这一群客户一起美好地协同共生下去。

祝愿这本书的每一个读者都能成功的突破内卷，在这个危中有机的时代找到并抓住属于自己的机会，点亮自己的事业。

刘方毅

2022 年 7 月 8 日

刘方毅，英科医疗股份有限公司、山东英科环保再生资源股份有限公司董事长，2020 年中国十大品牌人物。

推荐序二

提升认知，自我颠覆，不断寻找行业蓝海突破内卷

王磊先生著作的《一本书讲透内卷与反内卷》，内容深刻、全面，尤其讲透了“从战略到执行的21个本质”，相信会对所有职场人士都有好的学习和借鉴作用。

为本书作序，我不禁要问：“为何‘内卷’这个词能在年轻人当中火起来？”第一次听到这个词，是我女儿正在找工作，那个时候她刚刚毕业回国，恰好赶上2020年疫情开始，各行各业都出现了不景气的苗头，公司招人的标准也越来越高。某次她面试完某银行的柜员一职回来抱怨说：“同行一起面试的人都太优秀了，单单一份柜员的工作都有好几个世界top 100学校毕业的，在四大所实习过，有的甚至在联合国实习或工作过的毕业生都来面试，而且年龄还都很小，这也太卷了吧！”

我问她“内卷”一词从何而来，她说是从网络社交软件上学来的，年轻人把多人激烈竞争少许利益称作内卷，而那个最激烈想要竞争的人则被称为“卷王”。

一时之间，“内卷”一词都充斥着大家的朋友圈，大量的营销号也不断贩卖着焦虑，这导致我们在许多方面都被自身的焦虑与不安所支配着。

而所谓“内卷”，其实就是焦虑下做的无用功，拼命地盲目努力。

在当下的“内卷”大潮中，我们首先要做的就是保持理性，区分恶性内卷和良性竞争。如果你并不清楚自己想要的，只是希望投入更多的时间和精力，以胜过他人，那很可能就会深陷内卷的旋涡中。但如果有人呼吁不努力不奋斗，这样就是把正常的竞争解读为了内卷，此刻如果真的摸鱼躺平，那么就会错失很多机会，因此需要时刻保持清醒，不掉入过度解读“内卷”的陷阱。

那么当代年轻人要如何做才能反“内卷”呢？这个话题一经抛出，便引来了大量网友的热烈讨论，由此可窥见当下年轻人的工作、生活状态。因此，在这里我也要提醒年轻人，还是不要想太多，该做的工作还是要做，该好好生活还是要好好生活。大家要分清的，就是真正的“内卷”和正常的努力、积极上进的区别。

在本书中作者指出，看透事物的本质方可破内卷。从成本核算来看，内卷不会使经济变得更好，反而对社会危害极大。本书引用电视剧《天道》中的一句著名的台词“有道无术，术尚可求，有术无道，止于术”来破解内卷化的问题。埃隆·马斯克的“第一性原理”提出要用物理的角度看待世界，也就是一层层拨开事物表象，找到里面的本质，然后再跟随本质一层层往上走。对一个事物本质的理解，是一个人的基本素养。因为当了解了事物本质后就易于发现事物的客观规律，再加上熟知一定的原理和知识，就不会轻易被左右，也会更富有创造力且更容易找到答案。

企业破内卷，前提在于管理者格局要大，境界要高，真正的管理能力不是靠颐指气使得来的，而是通过沟通传递尊重需求与深度信任感，让下属有实现自我价值的存在感和归属感，让其自发自愿地追随。企业破内卷，不仅要对事物本质有更为深刻的认识，更要有破釜沉舟的勇气魄力，避免无意义的内耗，立足传统思维来寻求创新，通过产业转型升级来突破瓶颈，努力把蛋糕做大，满足客户深层次的精神需求，竭尽所能提供超出预期的服务，打造出引发共鸣的品牌。俗话说，“时代的一粒灰，落在个人头上，就是一座山”。近几年，受疫情等影响，导致经济形势下行，使得诸多中小企业面临困境，再加上行业内卷严重，如何在夹缝中求生存，成了他们首先要考虑的问题。悲观者往往正确，但乐观者往往成功。白热化的内卷会持续多久才会停止，我们不得而知；经济不景气，我们能做的，也只有不断求索，寻求改变，一边挣扎一边成长。保持这份精神，升级认知，危机即转机，突破困境抓住新机遇。

企业经营管理过程中，需要不断思考人才基建能否支撑业务战略，业务战略能否支撑企业发展。疫情常态化下，必然衍生出新型管理模式。立足企业本身，如何转型升级，是企业经营者和管理者需要共同商讨的问题。企业破内卷从战略讲是要不断去创新产品、渠道、业务链等；不断寻找行业蓝海和细分赛道，在其中找到自己的优势，大胆开拓，勇于创新，带企业走出困境。

在这个变幻莫测的世界，我们最大的险境不是来自外界的压力与竞争，而是我们对事物的认知程度。有人说过，你永远都赚不到你认知以外的钱。认知决定着我们能看到什么、感受到什么、如何思考以及成为什么样的人。王磊先生是一位社会阅历丰富且有一定的社会影响力的管理者，也是一位爽直诚挚、乐于助人的益友。在此书中，他将自己的阅历、学识和认知糅合在一起，对战略执行的本质和案例进行收集搭配，以来帮助更多迷茫中的人和企业摆脱内卷，走出属于自己的价值创造之路。

最后，在此书出版之际，我衷心希望王磊先生可贵的奉献探索精神能得到弘扬。

高阳

2022年6月6日

上海集金物业公司董事长、深圳中集骏宇置业公司董事长兼总经理

推荐序三

以道驭人，创新破圈

几年前因一次培训与作者王磊相识，如今又因悟道而与本书结缘。看了书稿之后，顿感跨越了几个时空，书中内容新颖实用，可谓干货满满，看完令人顿感豁然开朗，收获良多。《道德经》有云：“上士闻道，勤而行之；中士闻道，若存若亡；下士闻道，大笑之。不笑不足以为道。”可以说任何战略的制订与执行，如果离开了道的指引，都会变得困难重重，没有方向。但若辅之以道，则往往会因为开悟而茅塞顿开。我在辅导多家世界500强企业与中国优秀企业高管的过程中，见证了那些参道悟道的CEO、总经理的犹如脱胎换骨般的重生，也为那些有术无道的企业领导者没能挽企业于既倒而感到惋惜。有道无术，术尚可求；有术无道，止于术，此谓“道法自然也”。正如书中写道：厚德载物、天人合一便是战略之道。而这其中，马斯克的“第一性原理”又是一种很好的思维架构，它可以说是所有事物的根本。

我在与久久丫的合伙人一起探讨未来管理思维时，发现久久丫的管理机制深谙人性，让合伙人能够通过赛马、合伙人等机制实现利益共享，这便是道；在与新时达纪董带领的高管团队一起参加战略研讨会时，深深感到未来思维在这个变革时代的成功落地。在道的指引下，AI 科技时代的到来，为人们开创了一个新的世界。在这个变革的当下，潜藏危机和变数的同时，又孕育着无数的机会，就看人们如何能把握机遇，化危为机，做到危中有变、变中有机。

当前，面对百年未有之大变局，我们需要运用新的思维，以新的视角来看待所遇到的一切，而《从战略到执行的 21 个本质》无疑为困惑与无奈中的人们点亮了一盏明灯，指引着人们充满自信与智慧地走向更好的未来。

朱纲

2022 年 05 月 21 日上海

六合平衡思维系统创始人，多家世界 500 强与中国上市公司 CEO 教练

自序一

每个人都应成为《天道》的实践者

电影《教父》原著中有一句经典台词：“花半秒钟就看透事物本质的人，和花一辈子都看不清事物本质的人，注定是截然不同的命运。”推崇“第一性原理”的埃隆·马斯克如今已经妥妥地占据了世界首富的位置。而对大多数资质普通的人而言，是否也有机会实现自己的梦想？正和岛《决策参考》2020年10月刊曾刊登过一篇名为《脱敏》的文章，文中说道：“每个人的人生都是为一件大事而来。为什么很多人都不知道、不相信自己居然也是为一件大事而来？那是因为他看轻了自己的生命；那是因为他看轻了自己的使命；那是因为他可能被‘一件大事’这个大词吓到了。他不知道，这件大事就是由我们生命中无数点点滴滴的小事堆积而成。有意思的是，对某些人而言，他做的小事就是小事，大事也是小事，全部生命都是一地鸡毛；对另一些人而言，他做的小事也是大事，大事更是大事，大大小小一起构成生命中那件唯一的大事。我们的生命是一地鸡毛，还是一件大事，关键取决于自己是否具备一种能力——脱敏的能力。”读万卷书，行万里路，见万种人，做一件事。在这一件事情上，你可以吃透它的本质，看透它的规律，在“道”这个层面推动它的发展。而你要从事这一件大事，就是你的使命，也就是你在这个世界上存在的独一无二的理由。那么如何能找到自己的使命呢？

使命往往隐藏在人的天赋当中，因为要达成使命，就需要在一个细分领域强过竞争对手很多，而这种优势的获得，往往来自自己的天赋。关于如何发现自己的天赋，清华大学心理系主任彭凯平老师这样解释：了解天赋一个特别简单的方法，就是有一件事情你特别想做，特别愿意做，业余时间还去琢磨它，经常找些书来试图更深刻更全面地去探究了解它，想方设法去体现它，这便是你的天赋所在。换句话说，天赋藏在一个人的热爱当中，当我们不断坚持去做自己热爱的事情时，会渐渐地由热爱变成痴迷。从生理上来说，即体内产生愉悦的激素由多巴胺变成了内啡肽，驱动力由外驱力渐渐变成了内驱力，变成了行为习惯，变成了人生不可或缺的一部分，变成了我们被领导、同事、同行、客户快速识别和区别于竞争对手的独特标签；而在我们所服务的客户面前我们俨然成了能够解决他的痛点的最好的“救世主”，当我们不断对其痛点进行“医治”，我们的生命也就有了意义。所以这条由热爱到痴迷再到使命的道路，也就是属于我们的独一无二的“人生大道”。所以，找到这条人生道路将是迄今为止对每个企业、每个人来说最重要的课题。

有哲人提出过，何为自由？也有哲人答复，摆脱社会的惯性就是自由。而内卷就是目前最大的惯性。如何摆脱惯性？这就需要觉悟。觉悟什么？按照马克思主义的说法，叫作悟原理，这个原理又名客观规律，也就是电视剧《天道》中丁元英所说的，“马克思主义的道理归根结底一句话：客观规律不以人的意志为转移”。我在去年第一次接触到电视剧《天道》，看了很多遍，今年趁着过年，又看了宁向东老师所著的《共生的智慧》一书，书中借《天道》一书中提到的案例讲述了公司的治理知识，收获颇丰。

我在金融系统工作多年，曾担任过某互联网公司的内部控制总监，做过 12 年内部控制顶层设计及相关工作，读过 100 多本与管理相关的书籍，去过全国 100 多个城市，也曾因工作原因调研过 300 多家企业。在此我将毕生所学、所见、所行撰写成书，希望能够用最直白的话语帮助更多的企业与更多的普通人探索出一条可行的道路，吃透与企业管理及个人管理相关的 21 个本质，不再着眼于表象，不再做无用之功，不再内卷，拥有体系化的成熟的管理思维，真正能够觉悟自己的人生道路。活明白，活通透，活出属于自己的独一无二。

书中可能有诸多有待提升之处，敬请各位书友批评指正。

王磊

2022 年 3 月 20 日

自序二

破内卷，你需要的是道，而不是术

近些年，最火的一个词应该是“内卷化”。内卷化的定义是“不管投入再多资源，没有新的价值产出”，为什么没有新的价值产出？因为竞争对手与你都在以同样的方式投入资源，但是竞争的格局没有发生变化。这在战争中被称为消耗战，这种内卷的战术，也被称为“添油战术”。造成普遍的内卷的原因在哪里呢？《道德经》中有句至理名言：“有道无术，术尚可求，有术无道，止于术。”也就是说，过去大家按照社会化大分工来工作，不需要了解“道”，只需要把分配给你的工作做好就可以。而做好工作主要依赖技巧，但是后来市场经济环境下竞争充分了，多数人的思维还是依赖技巧，以为之所以竞争不过对手了，是因为技巧不够先进，所以就特别注重集体提升技巧，大家觉得这是生死存亡之道，所以把棺材本投上，找行业内最好的师傅教，而行业内最好的师傅就那几个，所以最终大家都学了差不多的技巧，还是谁都没有赢过谁，但是教技巧的师傅却赚得盆满钵满。这就是有术无道止于术。

三国时期刘备起兵的时候23岁（公元184年），桃园结义的时候28岁，到他遇到诸葛亮的时候已经46岁。当他有了很厉害的武将关羽、张飞后，却依然内卷了18年，一事无成，直到遇到诸葛亮，才破了内卷，之后仅用了 14 年就占有了三分天下之一，在益州称帝。在刘备遇到诸葛亮之前，无论他再怎么努力奋斗，再怎么投入资源，也都是在后面添“0”，增加了一堆“0”最后还是“0”，而当他遇到诸葛亮这个“1”之后，再投入资源，事业就获得了指数级增长，因为“1”后面添“0”就是 10 速增长。

诸葛亮为什么能够带领很弱的组织在短时间内成就大事呢？他决策的正确率为什么那么高？因为他读万卷书、行万里路、见万种人、做一件事。在这一件事上积累了足够多的曾经发生过的事，并且从中抽离出来了足够多的因果规律。太阳底下没有新鲜事，关键看你有没有足够多的经历。现在是讲干货的时代，人们拼命学习干货，脑科学方面的研究表明，干货作为知识只是一个索引，经验经历丰富的老师说出一条干货，他脑海中索引到的是他所知道的曾经发生过的无数成功和失败的事情，而学生接收到的干货，只是一句“干货”，什么故事都索引不出来，再遇到具体事情，还是容易在相关关系而不是因果关系上处理问题，然后再拼命投入资源，再努力，还是不会得到好的结果。这种干货除了在外行面前显得有用，但在帮助企业破除内卷、找到一条生存之道方面却一无所用。

本书不同于其他书的地方在于没有就事论事，只寻求解决问题的表象，而是给出了一整套的原理，并且尽可能多地配以案例，帮助普通读者也能比较通透地明白从战略到执行的一系列本质，以此来帮助读者从根本上寻找一条未来的生存之道。

王磊

2022 年 3 月 22 日

目录

一、破内卷最重要的是掌握事物的本质

（一）何为事物的本质？

本质指事物本身所固有的，决定事物性质、面貌和发展的根本属性，主要表现为事物的基本性质和事物的基本规律。客观事物的发展变化是由其内在规律决定的，任何违反其内在规律的外部干预，任何对复杂问题的简单处理，都是不能奏效的。事物的本质用肉眼是看不到的，能看到的只是事物的表象，事物的本质蕴含在事物的无数个相关联的表象中。与人类社会相关的事物本质，往往表现在两个层面，一个是显而易见的规律层面，一个是较为隐蔽的仁爱层面。而这里的规律最终是要为仁爱服务的，表现为科技的发展推动人类文明的发展。

“自然”这个词拆开来看，“自”是指一个事物初始的形式，“然”是指它后来的形式。而规律，就藏在这个从原始形式到后来形式的转变中。从这个初始形式中抽离出一个单一因素，我们可以称为“因”，从后来的形式中抽离出一个或者一群与因对应的因素，便称为“果”，而因果之间的对应关系，其实就是事物的内在规律。在自然界，万事万物的因和果作为表象，都是在不断变化的，但是因果之间规律是恒定的，也就是所谓的“万法皆空，因果不空”。

正和岛为了纪念改革开放40周年，采访了40个中国著名的企业家，出版了《本质》一书，书中将事物的本质总结为“事物的本质，时代的潮流，未来的大势”，也就是事物过去的规律，现在的表象及未来的表象。其中，对事物本质的把握主要来自知识，对时代潮流的获取主要来自见识，对未来大势的把握则主要来自觉悟。我们最常用的两个词，知识和见识，其中“知识”的“知”是知道事物相关联的表象，“见识”的“见”是见到事物相关联的表象，二者的“识”都是指从中识别出事物的本质。所谓“无明”就是有知无识，有见无识，只能获取和记忆事物的表象，却无法在表象中识得事物的本质。我们的意识可以觉察到无数事物的表象，而大脑可以把在不同时空发生的，事物间相互关联的特征和规律抽象出来。一个事物的本质规律是延续的，当时机成熟时，就会主动寻找最先进的形式展示出来。对事物本质的理解，心见为实，眼见为虚。心见需要开悟，也就是需要高维智慧，能够从过去和现在看到未来。在现实中，普通人往往都执着于表象，而偏离了实质。而伟大的人物通常致力于发现事物本质，推动事物沿其规律运转，所以伟大的人物通常一开始不被大多数人看好，因为他们心见的是未来，等他们心见的未来到来时，无明群众才会认可他们的远见卓识。

未来的大势如何去看呢？马克思主义的历史唯物观告诉我们，事物的发展是螺旋式上升，波浪式前进的。如果将其中的每一个波浪切开，就像是一条“S”形一样的曲线。经过现代创新哲学研究表明，事物的每一条形式，确实都包含着像“S”一样的生长曲线。比如传统相机，从一开始造价高，增长模式为线性增长，到后来平民使用，经历了大发展，增长模式为指数型增长，再到被数码相机所替代，增长模式为向下的负增长。数码相机也经历了类似的“S 曲线”，逐渐被手机给替代。再比如美团的王兴，2012 年，美团的团购曲线已经开始衰败，随着小米发布了千元智能机，实现了手机端的电脑功能，于是他每天挨个去看 APP，看看有哪些事物会伴随着智能手机的大发展而迅速发展，最后他发现了外卖这个商机，接着他把全部资源，包括战略的、非战略的资源，几乎全部投入到外卖平台上，甚至连团购的部门都裁撤了，价值千金的一跃，使得王兴一度成为中国位列第三的互联网大佬。王兴是心见了未来的大势，因为在技术条件允许的情况下，大家一定希望在家里吃到饭店的东西，这就是更先进的形式去实践本质。

平台经济近十年一直方兴未艾，为什么平台经济比传统企业更具有生命力呢？从厚德载物的角度去看，平台经济减少了中介的层级，让更多人更自由地参与其中。

对于小企业和普通人来说，要抓住未来大势，并借助平台崛起。比如，虎邦辣酱的大火恰恰是借助了外卖的兴起，由于外卖平台对平台上的商家抽成很高，如果单点一个单人餐大概 12 元，可能商家就不赚钱，这时候加一个虎邦辣酱 3 元，就满足了商家一单买卖的最低盈利需求，所以虎邦辣酱解决了商家这个痛点后，跟随外卖的大势一起起飞。就好像当年美国淘金热那样，淘到金子的人也只是少数人，但是卖牛仔裤、卖铁锹的人都发了财。

由于平台经济后期容易形成垄断，当平台对平台商家抽点超过一定限度时，过度损不足而奉有余，损害了仁爱的属性，就会遭到正义的惩罚。而平台经济大火导致个人缺乏应有的敬畏之心，认为突如其来的巨大成功全是自己努力奋斗、天赋异禀和不受世俗约束的功劳，随着不受约束的惯性，也就容易突破法律的底线。比如，2021 年 12 月，浙江省杭州市税务局稽查局经税收大数据分析发现，网络主播薇娅在 2019 年至 2020 年期间，通过隐匿个人收入、通过虚构业务转换收入性质进行虚假申报等方式偷逃税款 6.43 亿元，其他少缴税款 0.6 亿元，依法对她作出税务行政处理处罚决定，追缴税款、加收滞纳金并处罚款共计 13.41 亿元。事实说明，从行业中突围出来成为翘楚，必然要突破行业人为设置的壁垒，但是法律的底线一定要遵守，因为未来是数字化时代，成也数字化，败也数字化。

（二）第一性原理到底牛在哪里？

现在的世界首富埃隆·马斯克，他最推崇的是“第一性原理”，第一性原理就是探求事物的本质。埃隆·马斯克曾经说道：“我相信有一种很好的思考架构，就是第一性原理。我们能够真正地去思考一些基础的真理，并且从中去论证，而不是类推。我们绝大多数时候都是类推地思考问题，也就是模仿别人做的事情并加以微幅更改。但当你想要做一些新的东西时，必须要运用第一性原理来思考。”

第一性原理指的是一种颠覆式创新的思维方式，它抛弃了传统的迭代逻辑，而是直接回归事物的本质，从根源上解决问题。汽车大亨亨利·福特曾经说过：“如果我当初问用户他们需要什么，他们会告诉我‘要一匹更快的马’。”这说明用户停留在了事物的表象，他们看不到事物的本质正在用一种新的表象在实现，反而总是根据当下的表象去迭代。这个其实就是内卷化。第一性原理强调回归事物本质，然后利用当下最先进的理论和技术，给本质一个更先进而且价格上更亲民的形式。

中国人造字总是充满哲学韵味，比如，“道”这个字，由一个“走”字旁加一个“首”字组成，也就是人们做事的时候，放在首要位置的是什么？埃隆马斯克的“第一性原理”是把事物的本质放在首要位置，如果不把事物的本质放在第一位，做事情就相当于没有“1”，不断投入资源就是在堆积“0”，即使往后添加再多的“0”也还是“0”。

秦朝统一六国，普通人都觉得秦始皇是雄主，他就是那个“1”。不可否定秦始皇是很伟大，但是战国时期伟大的君主太多了，秦国真正的“1”是“商鞅变法”中的法，也就是内控体系。从秦孝公“商鞅变法”到秦始皇统一六国，六代明君“明”在哪里呢？明在坚持“商鞅变法”不动摇。在这个“1”的后面不断加“0”，最终把别人家的“0”都拿了过来。由于得天下的“1”与治理天下的“1”是不一样的，秦朝统一六国后，以为以往的“1”还能用，结果才二世便亡了。这方面李世民做得最好，他听从了他的敌人、曾经要置他于死地的魏徵的建议，以至从曾经的敌人手中得到了治国的“1”，缔造了大唐盛世。

中国最牛的高科技企业是华为，华为的1来自他每年营收的1.4%都在做管理咨询，为此他找遍了全世界最优秀的管理咨询公司。1998年，华为第一次拜师IBM引进IPD（集成产品研发）的时候曾一下子掏了40亿，为了买下这个“1”，任正非拿出了华为一年的营收。所以任正非说即使一把火把华为烧了，只要制度和流程还在，他就能再造一个华为。也就是说，华为的“1”是任正非烧钱买的内部控制体系。因为世界变化太快，制度和流程通过运转可以快速地帮企业把“1”识别出来，确保企业最终能持续输出价值。这样的一个机制确保了华为的“1”不因领导人的有限而丢失，所以华为发展到今天，取得了这样一个举世瞩目的成就。

2022年，女足亚洲杯中国女足夺冠，主教练水庆霞大胆使用唐佳丽和张琳艳，甚至在0比2落后韩国队的时候，换下中国队头号球星王霜。换上张琳艳仅仅5分钟，张琳艳造点球，唐佳丽罚进。又过了4分钟，唐佳丽下底传中，张琳艳头球破门，仅仅不到10分钟就扳平了比分，大家才最终扬眉吐气。这就是内行的孙雯推荐了内行的不水的水庆霞，内行的水庆霞使用了内行的唐佳丽、张琳艳。千里马遇上了伯乐，内行的领导找到了内行地干活的。只有牛人才能识别牛人，当你找到了第一个牛人，尊重他，依靠他，成功就伴随着这个牛人而来，这就是1的力量。

推而广之，当一个企业有了“1”，带来的结果往往是，企业很快就会走向指数型增长的结果。

第一性原理也可以这么理解，前面的“1”是事物的本质，可以解决客户的痛点，后面的“0”是客户使用它来解决自己的痛点，这样“顺应客观规律”与“得民心者得天下”就打通了，也就是“实事求是”与“为人民服务”的连通。

二、人类对事物本质的深层次认知

（一）人的大脑如何能够理解事物的本质？

我们每一个人其实都生活在自己的偏见中。王阳明讲的“心外无物”，其含义就是一个人不知道他不知道的事情。我们从脑科学的角度来分析一下原因何在。脑科学研究表明，人对一个概念的理解来自他大脑中彼此关联的一大堆概念神经元的组合，而这些概念神经元的产生来源于人的阅历、经历、读过的书、别人的评论等，人在学习和思考的时候会把获得的新知识放到新的神经元中，再与其相关的概念神经元连接上，当作对这条概念的解释。

觉悟是怎么做到的呢？当人拼命地去开阔眼界增长见识和学识时，这些信息都会作为概念神经元存储到大脑中；当一个人安静下来，关闭吸收外界信息的意识，开始关注自身的时候，大脑中会有一种类似于“暗能量”的东西，把人脑中的各种见识、理论信息的概念神经元组合起来，分类摆放，再给他一个索引。由于这种组合是无意识的、不可控的，人会有一种类似客观规律的抽象猜测，恍然大悟，这就相当于使用这些信息做出了一道菜并被端了上来。人类就是靠这种悟性创造了各种假说去理解宇宙万物的，然后又通过各种科学实验去证明宇宙万物。

智慧常在安静的时候产生，也就是唐代司马承祯在《坐忘论》《收心》篇里提到的“静则生慧”，还有诸葛亮在《诫子书》中提到的“非宁静无以致远”。智慧的“智”字，上面一个“知”，下面一个“日”，可以解释为一个人每日知道的，信息和事物的表象是通过感官所获取到的。智慧的“慧”字最上面有两个“丰”字，意思是极其丰富，引申为广袤无垠的浩瀚宇宙，中间的“彐”出自《易经》的一个符号，是物极必反的意思，引申为宇宙规律，下面的“心”指人的灵魂，所以，“慧”字的意思就是用灵魂在广袤的宇宙中抽象出规律。

智慧发现的是客观规律，也就是说当你真正掌握了或者吃透了一条原理的时候，一旦提到，脑海中就会浮现出一系列解释和案例，而当你用这条知识或者原理跟其他不懂的人交流的时候，对方的脑海中是空白的，结果就是你以为你说明白了，其实对方并没有听懂，这个效应被称为知识的“诅咒”。也就是说，当你吃透了一个知识，你就被这条知识“诅咒”了，因为每一个人对同一条知识索引处的案例和解释都不一样。所以，沟通的本质，其实是对知识的解释，以促使对方接受。在管理中这就是“外行领导内行”的困难之处。

“外行领导内行”为什么困难呢？这是因为外行会认为，从地图上看这条路是一条直路，没有坑。内行则认为这条路不仅有很多坑，还有河，根本走不过去。因为内行走过，但是外行命令必须过（官僚主义），否则就处罚，内行最终妥协（其实没过去，形式主义）。

2020 年 10 月 27 日，任正非在研发应届生招聘座谈会上发表题为《人才很关键，面试最重要》的讲话中提到“只有牛人才能识别牛人”，可谓一语中的。因为识人，就是通过交流来了解互相脑海中所掌握的故事，并从故事中抽离出来因果规律。只有掌握的因果足够多，才能以当下为因看到未来的果。但是如果你掌握的历史故事不够多，你就无法正确预测事情未来的走向；如果你依然迷之自信、盲目自大，大概率很快就会掉进坑里去。

人类在解决问题中创造了工具，工具是怎么被发明的呢？洞见又是从何而来的呢？当大脑面对问题的时候，左脑（主管逻辑思维）会先搜索大脑中存储的明确信息，然后将这些信息组合起来，作为显而易见的答案提供出去；右脑（主管潜意识，潜意识中存在的更多是图像、声音之类的较为模糊的感性的信息）会将这些模糊信息组合起来，提供更有创造力的，更有想象力的答案。左右脑通过胼胝体进行交流，而胼胝体上方有一个部位叫作前扣带皮质，它会作为裁判员决定是采纳左脑建议还是右脑建议。当精神压力大时，前扣带皮质倾向于采纳左脑提供的显而易见的答案；而当精神比较放松的时候，它会更多采纳来自右脑的潜意识提供的，更有想象力的答案。逻辑思维让我们学会驾驶，但是潜意识让我们发明了车。二者可谓是“一张一弛，文武之道”。

事实上，好的企业已经能够严格区分出一个好员工是擅长严谨的逻辑思维，还是擅长创意，很少有人二者都擅长。因为一般来看很少有人左右脑都发达，所以没有完美的个人，只有目标相同、能力互补的接近完美的团队。在解决问题的过程中，人类利用了脑海中形成的对客观规律的反应，也就是利用了客观规律去管理和改造世界。如果我们没有发明汽车，就只能继续跟别人拼命赛马，但是是否有足够多的好马和好的骑手呢？如果我们要造车，就需要放松下来，去多见识一下车是长什么样的。

中国古代将研究事物并获取其内在规律的一个理论，称为“格物致知”。格物致知最早出自《礼记·大学》：“致知在格物，物格而后知至。”在传承过程中，其中最具代表性和比较性的就是宋明时期理学家朱熹和王阳明对其的阐释。朱熹认为的格物致知就是研究事物获得对其本质的认识，这个认识不光包括科学规律，还包括哲学、伟大人物感悟到的智慧、好的经验传承等一时无法被科学验证的关于事物本质的最佳理解。王阳明认为，“知”指良知，所以格物致知指革除坏的习惯、习气，找回自己本性中的良知。王阳明还提出了“知行合一”与“致良知”。致良知的“致”有三重含义，一是抵达，二是听从，三是一以贯之。所以知行合一就解释为，在做难事的时候瞬间出世，抵达自己的良知，良知会给出一个建议，然后听从良知给出的建议去行动，在行动中遇到困难再重复这个过程，直至贯穿一生，最后达到用良知来战胜欲望，心灵控制肉体的境界。王阳明去世之前最后一句话是“此心光明，亦复何言”，这就是他悟道后知行合一半生的写照，死而无憾。梁启超说：“中国历史上有两个半圣人，一个是孔子，一个是王阳明，半个是曾国藩。王阳明还提出“知者行之始，行者知之成”，也就是说知是行的开始，行是知的完成，圣人的学问只有一个功夫，知和行不可以分开看作两样事情。知行合一强调做事要符合客观规律，这也是马克思主义哲学的精髓——实事求是。将实事求是与王阳明的知行合一相结合，也就是在良知的控制下去使用客观规律，是从人性出发的已知的和最好的做人做事之道，因为万事万物本身不光蕴藏着智慧层面的规律，同时也蕴含着仁爱层面的规律。

一个人对一个事物本质的理解，就是他的素养。素养这个词出自《汉书·李寻传》，“素”指平素，素养就是日积月累的修养。所以，我们要做一个长期主义者，不急于求成，不计较一时得失。高瓴资本创始人张磊，将他多年对投资的思考，融入一本书叫作《价值》，书中他将价值总结为“在长期主义之路上，与伟大格局观者同行，做时间的朋友”。用通俗的话讲，就是“一万小时”理论。

根据上述脑科学原理，能符合第一性原理做 1 的人，往往来自读万卷书、行万里路、见万种人，坚持做一件事的人。只有这样，才能掌握每件事情发生之后的一系列因果，具备预见未来的能力，从而笃定地从当下心见未来。

（二）聪明解决当下，智慧心见未来

从做事的角度如何看待聪明与智慧呢？中国古代书院和西方中世纪大学都主张研究式学习，而研究式学习的目的就是发现客观规律。1941 年，毛泽东同志在《改造我们的学习》一文中指出：“实事”是客观存在着的一切事物；“是”是客观事物的内部联系，即规律性；“求”就是我们去研究。在掌握了客观规律的基础上，根据客观规律选择对未来更有生命力的事情去做，称之为智慧。智慧就是做正确的事情。而把通过智慧选择出来的事情做得具有很强的当下适应性，称之为聪明。聪明就是把事情做正确。聪明看的是是否熟练，是否有足够的经验，属于熟能生巧的肌肉记忆。而智慧依靠的则是对本质规律的认知把握和对自我的了解，只有有智慧的人才能看懂和认可。智慧往往与一个组织或者一个人的命运相连，因为客观规律是决定性力量。普通人只能看到表象，看到的是聪明而不是智慧，所以往往选举一个管理者，大概率只会选出一个聪明的人，一个表面上让大家觉得优秀的人，却很难遇到拥有智慧的人。

柯达最早发明数码相机，却为了维护化学家管理者的利益，雪藏数码相机专利，最终导致企业越来越落后于时代潮流。选择做雪藏数码相机专利这件事情是缺乏智慧的，因为计算机时代的快速来临，人们都希望相片存储在计算机中，这是客观规律。柯达管理者做了错误的选择，看上去很聪明却缺少智慧，最终导致企业落后，走向破产。如果当时柯达的高层选择把数码相机的专利发扬光大，或者另外成立一个企业单独去做，那就是一件很有智慧的事情，企业的未来就会越来越有生命力。

"凡夫畏果，圣人畏因"。普通人只看到事情的结果，每天努力做自己熟悉的事情，用这些事情的结果跟其他人比，证明自己优于别人。另外，还背诵各种排名，各种名人的评论，然后互相呛互相怼，因为吵架模式（就理论谈理论的模式）的标准是越极端越能赢。而牛人知道造成结果的原因才是最可怕的，所以目的是揭示规律，然后利用规律变成规则或者原则指导未来，他们的目标是做事，做事模式是越实事求是越能赢。由于考核标准不同，有的是比吵架，有的是比做事，如果二者都想要，还硬要结合在一起，后果就是上级的官僚主义与下级的形式主义，因为胳膊毕竟拧不过大腿。

近代科学起源于西方，一群科学家忠于信仰，了解大自然，通过数学以及实验等工具来解释并验证自然规律，然后就有了自然科学。很多科学家几十年如一日的研究，才有了垂直的突破。所以对客观规律的垂直认识，科学认识得更深刻，在科学无法验证的领域，通过先进的系统化的经验认识到规律。在这方面中国传统文化更胜一筹。中国的古圣先贤，将他们所感悟到的宇宙规律，放到一种书中，叫作“经”。而客观规律留在人类历史中的现象，有史学家记录下来，称为“史”。由于中国与西方文字造字方式的不同，西方文字是一维的，中国文字是二维的，也导致中国古代文化中对客观规律的系统性认识强于欧洲。改革开放以来我们之所以发展得快，就是因为传统文化中的精髓我们保留着，西方先进的科学我们吸取着，这些人类智慧的精华，最终和谐统一地为我们的发展提供了源源不断的活水。

三、如何能够认清事物本质，避免『茧房效应』？

（一）优秀的人能瞬间看透事物的本质

优秀的人一方面读经、读哲学、读科学定律，不断认识和把握客观规律，一方面通过读史、通过科学实验，掌握这些客观规律的无数个表象，再加上在实践中获得大量经验，这才成就了一个人的优秀。当一个人大脑中对一条规律或者一个事物的本质同时浮现出一堆互相有边界的解释，以及一堆曾经的和现在的表象时，他就相当于吃透了这条规律，一瞬间就有看透事物本质的能力。电影《教父》中的主人公就是这样一个人物。

看透事物本质的人都具备两个特点，一个是读书奇多，而且是博览群书，因为多个学科往往是相通的，可以互相佐证，互相对比；另一个就是经历与见识奇多，而且往往是生在乱世，让他对所学有更深刻的理解。

有句话叫"仁者见仁、智者见智"，仁者擅长研究客观规律中"仁"的因素，对于"智"的因素就知之甚少；智者对于客观规律中"智"的因素了解相对透彻，对于"仁"的因素就不甚了解。但是，他们都有地位和言论自由，甚至喜欢以自己所短攻击他人之所长。所以，有智慧的人会吸取他人之长，而愚蠢的人则照搬全收。

中国古代著名的皇帝秦始皇统一中国后，依旧采用过去的法家思想政治理国家，马上得天下，马上治天下，沉醉于过去成功带来的“信息茧房”中，结果仅仅过了14年，秦朝就灭亡了。后来汉高祖刘邦在马上得天下后，遇到了一个手握真理的“先知”陆贾，陆贾向刘邦进言马上得天下，但不能马上治天下。刘邦听其意见，一百八十度大转弯，履行“休养生息”政策，为汉朝的长久稳定打下了基础。刘邦“智不比张良、勇不如韩信、才不敌萧何”，但是他为何能成功呢？就是善听。

对真理保持敬畏，常保持谦卑之心，学会用批判性思维去看待过去成功的时代局限性，以求知者的心态不断探寻真理，多与不同意见者深入交流，这才是一个明理的决策者应该要具备的素质。因为产生“茧房效应”的根本原因是脑海中缺乏来源足够的案例与解释，导致无法对产生当下结果的原因进行解释。

（二）不要执着于表相，力避“茧房效应”

中国古代最杰出圣人当数老子，因为他揭示了最多的宇宙规律。他在《道德经》第六十七章写道：“我有三宝，持而保之：一曰慈，二曰俭，三曰不敢为天下先。慈故能勇；俭故能广；不敢为天下先，故能成器长。”如何避免陷入自以为是、目空一切、高傲的茧房中呢？一是具有广泛的仁慈，不断看到他人的可取之处；二是对自己节俭，避免自己被外物所控制；

三是保持做人做事的谦卑，做事不鲁莽，不为争面子而做自己没把握的事情。即使做也要一边做事情一边学习总结经验，流水不争先，争的是滔滔不绝。

孔子是中国历史上最伟大的教育家，其教育思想对后世几千年都产生了极其重大而又深远的影响。其中，他提出“三人行，必有我师焉；择其善者而从之，其不善者而改之”的主张，意思就是要广泛发掘他人身上符合“道”的部分，然后学为己用。“君子群而不党，小人党而不群”，是指一个人行道要避免“羊群效应”，避免为了所谓的小圈子利益而伤害到道的施行。君子要有智、仁、勇三大德，其中智、仁刚好就对应了道的两个要素，即智慧和仁爱。他还提出要广交朋友，“益者三友，友直、友谅、友多闻”，通过与朋友一起交流做事来避免茧房效应。除此之外，还有“学而不思则罔，思而不学则殆”“学而时习之，不亦说乎”“敏而好学，不耻下问”“子入太庙，每事问”“学而不厌，诲人不倦”“多闻阙疑”等做学问的原则都是避免茧房效应的好方法。

在“二战”初期，英国首相张伯伦奉行“绥靖政策”，极大地助长了德国的扩张野心。1938 年，希特勒先出兵侵占奥地利，随后又陈兵捷克边境，张伯伦于 1938 年 9 月间两次飞往德国慕尼黑亲自与希特勒会谈，9 月 30 日，张伯伦同希特勒签署了《英德互不侵犯宣言》。张伯伦是一个资深政客，却被希特勒的表面功夫所骗，认为眼见为实，因为希特勒当面对他做出承诺，显得非常真诚，让他信以为真，以为德国不会进攻英国。与张伯伦相比，丘吉尔虽然没有当面见过希特勒，但从希特勒一上台开始，透过他发表的演讲、写的书、做的事情，他就断定希特勒的法西斯独裁将给欧洲带来巨大的灾难。他在慕尼黑会议后一直抨击绥靖政策，认定希特勒一定会侵犯英国，后来的历史表明，丘吉尔是对的。所以要眼见为虚，心见为实。

为了破除茧房效应，2014 年，任正非指出：“‘反对高级骨干埋头苦干’，要多参加业界会议，与业界人士交谈；‘一杯咖啡吸收宇宙能量’，敢于与世界名流喝咖啡，听听人家的想法，也会启发自己，少走弯路。”他还说：“你们科学家受打卡的影响被锁死了，在上研所这个堡垒里面怎么去航海、去开放？航海的时候怎么打卡？发现新大陆怎么打卡？沉到海底怎么打卡？从欧洲通向亚洲的海底有 350 万艘沉船，那些沉到海底的人怎么打卡？”任正非为什么在这一年提出华为人要喝咖啡呢？因为之前华为人就是依靠不喝咖啡，拿其他公司喝咖啡的时间都用来埋头苦干，所以赶超了其他公司。而 2013 年华为的营收（约 395 亿美元）超越了爱立信（约 353 亿美元），成了全球头号通信设备商。这时候华为作为通信行业的龙头，已经没有其他公司来替公司试错了，因此华为要避开过去的成功带来的“茧房”。

企业过去经历过的成功往往就是最大的茧房，因为过去失败的人知道自己不懂，还有很大的动力去探索，而过去成功的人往往以为自己懂了，就失去了探索的动力。柯达等著名企业就是在这种茧房中被时代不打招呼地无情抛弃了。

四、组织的文化属性

（一）强势文化造就强者，弱势文化造就弱者

电视剧《天道》中男主角丁元英有一句名言："透视社会依次有三个层面：技术、制度和文化。"其中文化是决定性因素。文化的本质是组织内部对价值观达成共识，也就是由组织内部的绝大多数人共同认可的价值观念。制度是文化的外化，文化是制度的灵魂。除了文化的强是永恒的之外，其他的强都只是暂时的。著名管理学家彼得·德鲁克曾经说过："文化可以把战略生吃掉"。也就是说，优秀企业的战略背后一定是有优秀的文化在支撑的，否则战略就是一句空话。比如清朝的"师夷长技以制夷"战略思想就是一句空话，因为这个观点突破不了封建思想的束缚，师夷长技动摇了高层利益，而封建文化是强调要绝对服从高层的文化的。

丁元英还有一句名言："强势文化，造就强者；弱势文化，造就弱者。"这里面的"强势文化"指的是顺应客观规律的文化，也就是实事求是的文化。强势文化是春天播种，夏天耕耘，秋天收获的有造血能力的文化；弱势文化也就是"损不足而奉有余"的人道文化，其财富积累来自通过权势、腐败的暴力掠夺，破格获取，因而缺少造血能力。换句话说，强势文化是以客观规律为神的文化，在这种文化下，人人都是客观规律的研

究者、探索者和实践者；而弱势文化是以人为神的文化，强调绝对权力和满足人的欲望，因为人人都渴望获得更高的地位和权力，然后像神一样去审判这个世界。

中华传统文化在“百花齐放、百家争鸣”的时代是强势文化，因为只有强势文化才能锻造出强者。秦国采用比较适合自己的强势文化，法家的文化，最终统一全国。道家文化、儒家文化在最初都是为了追求道，是一种强势文化，但在后来的演变过程中，尤其是在元朝以“顺文化”治国后，中华传统文化也就衰弱了下来，成了弱势文化。或者说，中华传统文化中的精华，比如，“智、仁、勇”“格物致知、知行合一、致良知”等都是强势文化，而“三纲五常”“三从四德”则是弱势文化。这就是为什么有些地区的人喜欢聊八卦，爱评论好坏，而有些地区的人喜欢聊做生意，聊如何服务好客户。

为什么泱泱大清国那么富有却在列强面前那么懦弱呢？因为资本主义列强甚至包括日本都是强势文化，而清朝是弱势文化，慈禧太后甚至愚蠢到挪用北洋海军的军费过六十大寿，清朝亡得冤吗？一点都不冤。慈禧太后能反对吗？不能，因为“三纲五常”的顺民文化不允许，因为“君要臣死，臣不得不死”，甚至“君死也要臣陪死”。

中国古代讲，道德传家可传十代，耕读传家可传五代。由于道和德都是不可见的，对于悟性低的人不容易做到，所以曾国藩奉行中庸之道，其家族以“耕读传家”为家训，已经传了十一代，代代有大人物出现。一般以物质财富传承的家族往往三代之后就不行了，所以叫富不过三代。孔子讲君子不器是指君子不做人之器，而要做道之器，所以他的家族坚持做道之器，已经传了 83 代，到现在还在兴盛着。自秦朝统一全国到清朝灭亡，中国历任王朝最多不超过 500 年，最长的是汉朝持续了 426 年，这还是将西汉和东汉合并计算得来的，所以有一首歌叫作《向天再借五百年》。以史为鉴，可以知兴替。绝对权力导致绝对腐败，权力一定要装进以真理为基础的法律的笼子里。从中国历史来看，依靠绝对权力传家，最多不超过 500 年。

（二）避免熵增至死，才能延续生命

1850 年，德国物理学家鲁道夫·克劳修斯首次提出“熵”的概念，用来表示任何一种能量在空间中分布的均匀程度，能量分布得越均匀，熵就越大。一个体系的能量完全均匀分布时，这个系统的熵就达到最大值。在克劳修斯看来，在一个系统中，如果听任它自然发展，那么，能量差总是倾向于消除的。让一个热物体同一个冷物体相接触，热就会以下面所说的方式流动：热物体将冷却，冷物体将变热，直到两个物体达到相同的温度为止。根据热力学第二定律，宇宙的发展就是一个熵增的过程，宇宙最终要走向熵死，也就是热寂，整个宇宙达到热平衡，一片荒凉。但是宇宙中有另外一种力量，叫作生命，生命是反熵增的。奥地利著名物理学家薛定谔，1943年出了一本书叫作《生命是什么》，书中提到“人活着就是在对抗熵增定律，生命以负熵为生。中国的《道德经》讲“道生一,一生二,二生三,三生万物”，道家将这个生命称之为“道”。所以企业要想活得有生命，避免熵增导致企业的灭亡，就要走符合“道”的道路。

如何避免熵的最大值直至熵死呢？热力学第二定律是封闭系统，所以打开封闭系统，建立耗散架构，是避免熵死的办法之一。耗散架构指的是一个远离平衡的开放系统，在不断地与外界交换物质和能量的过程中，通过内部非线性动力学原理，从原来的无序状态变为有序状态。对封闭系统，还有一种避免熵死的办法就是内部做功，把能量从低到高抽上来。

1981年，美国有一本书叫作《熵：一种新的世界观》，将熵的概念推广到人类社会中。英国科学家索迪曾经感慨：“熵定律，最终控制政治制度的兴衰、国家的自由与奴役、商业与实业的命运、贫困与富裕的起源……”通俗的解释就是，再大的实体也是由部分所组成的，只有遵从强势文化，努力去遵循规律，因为组织的整体和部分前面都有1，后面不断堆0价值就会越来越大，生命力就会越来越强盛；如果遵从弱势文化，组织中的部分都在努力去掉前面的1，都在行人道，那组织中的部分就没有价值产出，导致组织整体最终也没有价值产出，这就是内卷化。

多数互联网企业在迅速扩张的时候，不是死于战略，而是死于人员增加后，过度内耗导致熵增至无穷大，最终熵死。

五、战略的本质

（一）厚德载物，天人合一的战略之道

《道德经》中提到的“厚德载物”是一切战略的根本。其中的“德”指顺应规律，人世间所有的生命、财富、地位等都是“物”。战略的根本就是最大化地顺应规律，积累“德”，厚了“德”就载了“物”。一般来说，人们上位有两种方式，一种是阳谋，也就是“得民心者得天下”，通过真正服务好客户，被客户认可和尊重；另一种是阴谋，来自权力的腐败，不正当竞争等，然后依靠权力破格提拔。但是在其位的时候，要想保住这个位置，就需要避免德不配位，坐的位置越高，越需要更深厚的智慧与更宽广的仁爱，也就是所谓的“霹雳手段”与“菩萨心肠”，换句话说，也叫作“厚德载位”。

所谓战略，其实就是一个组织或者个人立足自身的资源禀赋对规律的智慧与仁爱两个属性的解释。战略需要考虑比较优势，也就是在市场的局部或者一个细分市场，比竞争对手更具有智慧和仁爱的战略才是好战略。在衡量与竞争对手的优势及劣势的时候，可以参考《孙子兵法》中的“七计”，或者运用SWOT分析法进行分析，根据《三国志》记载，郭嘉在“官渡之战”中对曹操提出的“十胜十败论”也是很好的战略分析工

具。诸葛亮的《隆中对》其实就是典型的SWOT分析，他提到曹操狭天子以令诸侯，已拥百万之众，士气正盛，占据天时，不可与其争锋，孙权据有江东，已历经三代，还有长江天险，占据地利，而大汉虽表面依附曹操统治，但人心仍然向汉，刘备乃中山靖王之后，占据人和。荆州处于交通要道，从古代开始就是兵家必争之地，但它的主人却守不住，益州沃野千里，天府之国，刘邦曾经以此成就霸业，刘璋昏庸懦弱，张鲁又在北面威胁着他。刘备是皇室的后代，又有声望，如果能占据荆、益两州，守住险要的地方，与各个民族和睦相处，安抚少数民族，对外联合孙权，对内革新政治，待时局有变，称霸的事情可以成功，汉朝天下就可能恢复了。这就是诸葛亮做的分析，好战略往往在我的优点、对手的缺点与客户的痛点相交叉的地方，而这三个点中对手的缺点与客户的痛点必然是相交的，而唯一有主观能动性的是我，我带着我的优点走向二者的交叉点，解决客户痛点，获得客户忠诚，战胜竞争对手，就是最好的战略。比如三国时期曹操的缺点在于颠覆汉室的正统统治，缺点在人和，当时匡扶汉室是民心所向，这是客户痛点，而刘备是汉室正统刚好是优点，所以要联吴抗曹，做大战略优势，乘借得道多助的大势。组织战略需要考虑组织与组织之间的比较优势，而个人战略可以依托组织战略获得成功，比如孔子讲的“邦有道则仕”，意思就是到组织中发挥比其他员工更强的比较优势。

中国古代常见的管理战略，一把手基本上是道家的，下属基本上是儒家的。一把手观察时代大势，体察民心，形成比较虚的思想，下属通过比较实的机制、体制去落地。可是一把手也有任性的时候，在不了解或者不顺应规律时，决策就会出现失误，导致组织往往难以继续发展，继而衰败，最终被竞争对手抓住机会所打败了。

战略需要紧盯时代潮流与竞争对手，因为战略中的智慧和仁爱都是与对手相比较而言的，比如，如果西方没有资产阶级革命带来的科技与政治的跨越式高速发展，那清朝封建的治国战略就没有错，但是时代潮流和竞争对手的战略有了变化，清朝的统治者们虽然片面意识到了差距，但害怕大权旁落，就采用“鸵鸟战术”闭关锁国，不主动跟进，最终导致清朝末年在外国列强面前毫无还手之力。比如，在中国历代帝王中乾隆还是一个很不错的皇帝，但是他在位期间欧洲开展了“工业革命”，受当时知识文化的局限性影响，中国的战略就显得太保守太弱了。再比如，19 世纪中期清朝与日本都遭受了国外列强的侵略，但是清朝的“洋务运动”与日本的“明治维新”相比，一个是治标不治本，一个是真正治了本，一比较就显得清朝的战略更弱了。

智慧和仁爱被近代西方国家解释为科学与民主，也就是 20 世纪初中国“新文化运动”中所倡导的“德先生”与“赛先生”。然后进一步被共产党人解释为“实事求是”与“为人民服务”，这就是战略理念的先进。不光在当时，在肉眼可见的未来，这依然是世界上最先进的理念，而且从目前中国所取得的令世界瞩目的成就来看，也验证了这个理念的先进性。

无数传统企业，其中不乏一些百年老字号都倒闭了，就是因为没有以“客户为中心”作为企业发展战略，而是沉浸于自我陶醉感，以为客户还会跪地求购，殊不知现在时代变了，客户已经当家做主。真正好的企业战略，都凸显了“以客户为中心”的经营理念，比如招商银行的“因您而变”，华为的“以客户为中心，以奋斗者为本”，京东的“顾客为先”，等等。

好战略，就是企业立足自身优势，遵循客观规律作出正确取舍。战略中选择要战的地方，就是要取的地方，选择略的地方，就是要舍的地方。好战略的智慧体现在“真理往往掌握在少数人手中”，甚至单个人手中。比如，手机行业唯独史蒂夫·乔布斯非要苹果只做一个按键，“千团大战”唯独美团不大量融资烧钱搞广告。好战略大概率不在共识中，因为它是导向未来比其他竞争对手活得更好的生存之道，可以获得更巨大的成功。如果是在共识中，大家努力的方向差不多，未来发展差不多，结果也差不多，又怎么能叫成功呢？因为从来就没有集体成功这么一个说法。好战略是“你打你的，我打我的”，所以好战略一经提出往往被扼杀，这就是好战略的难。

在当下，很多企业因为原有行业得不到很好的发展，就选择多元化发展，“隔行如隔山”，这实际上是一种投机的行为，很难有好的结果。因为原有行业再弱，通常也有比自己更弱的对手，先让自己活着，然后积极创新，跟随行业前沿等待行业被重做或者等待行业大势的到来，最后先于对手一步跨过去，这往往是一条更好的路。这一次不行可以等下一次变革，只要活着就有机会，最好不要轻易换赛道。你打不过的行业巨头，时代可以打败他，因为行业巨头往往舍不得过去的辉煌，不顺应时代趋势，注定被淘汰。战略不是一种投机行为，它来自真正吃透一个行业。

企业最好的发展战略，是聚焦于自己擅长的核心业务进行场景细分，不同的细分业务所要求具备的核心能力其实是一样的。比如，华为用了20多年的时间聚焦在网络通信领域，当网络通信发展到一定规模后，又衍生出企业业务和消费者业务，还发展出了智能汽车解决方案BU，以及云计算、大数据等业务，华为多元化的业务背后，其核心能力都是一样的，都是通信。

中国改革开放“摸着石头过河”的战略让中国的经济快速腾飞。《打胜仗：常胜团队的成功密码》一书中这样描述了“摸着石头过河”，它写道：“企业在进行多元化的过程中，最好围绕自己的核心能力实施同心圆发展战略，围绕自己的核心能力不断向外延伸，在发展过程中将自己的同心圆不断向外延伸，在发展过程中将自己的同心圆与某一特定应用场景结合，衍生出新的业务，又会形成新的同心圆，这样一个同心圆接一个同心圆发展下去，会走得很稳健。这其实就是我们经常说的‘摸着石头过河’。”能力圈在具体场景的落地，就相当于一块可以立足的石头。

企业战略的仁爱属性，对客户来说，就是通过独特的高质量产品和服务满足客户需求，一步步实现自我价值的内在心理需求，通过满足客户的精神需求，让客户有存在感，感受到爱和快乐，体内产生快乐激素，同时自己与小伙伴一起实现人生价值，既提升了自己又帮助了他人，还改变了世界。用网络术语来说，就是解决客户的痛点、痒点和爽点。

以蜜雪冰城的战略为例，其定位的客户群就是以学生为主，在保证产品质量的同时，通过高性价比成功占领低价市场，并且借此大量打入三线城市及县域市场，降维打击，既低价又能更好地满足客户需求；而且他还有一首“你爱我，我爱你，蜜雪冰城，甜蜜蜜”很“上头”的歌曲，唱歌拍视频上传小红书可以免单，还帮助存在感不强的低端客户刷存在感。

再以扶贫为例，贫穷从表面看是物的不足，从背后看其实是智慧和仁爱不足，即使再贫穷的人，在他擅长的细分领域依然会有比其他对手强的地方，所以扶贫真正需要的不是直接给予贫困者物，而是帮他搭建一个平台，让他在他擅长的细分领域创造价值，然后去帮助在这个领域有需要的客户，进而获得收入。所以电视剧《天道》中，丁元英给王庙村设计扶贫项目就是这样一个平台，其背后的原理就是“厚德载物”。

战略在执行一段时期后组织能呈现的状态，称为愿景。而优秀的组织一定会有一个宏大的愿景，这个愿景的制订要跟全社会有关，能满足社会的期望，这样会得到来自外部的强大力量。比如，当年李自成带领的农民起义军喊出的“闯王来了不纳粮”口号，哪个交不起粮的底层人民会不盼望李自成成功呢？奇点大学的萨利姆·伊斯梅尔在写的畅销书《指数型组织：打造独角兽公司的11个最强属性》中提到，指数型组织一定要有一个与社会相连的宏大愿景，这样会有很多不相关的人来帮助你成功。这就是中国古代讲的“得道多助”。首先，从人心的角度看，每一个人都希望这件事情成功，从而享受到红利，而每一个人自己又没有能力做成，这时候就希望能尽自己的绵薄之力好让事情快点达成。其次，从客观规律的角度看，这件事情从根本上是一个组织成功地搭乘了时代要做这件事情的东风，是时代需要的一件大事的一个组成部分，而这件事情发展成时代潮流时，在外界看来，就是指数型成长，这就是时势造英雄。用马克思主义的说法就是螺旋式上升，波浪式前进，把螺旋式上升切开来看，就是一个又一个的“S 形曲线”。最后，从资产的角度看，当你的愿景足够宏大，跟全人类相关的时候，你会撬动更多相关的杠杆资产，会有很多资产不管以何种目的，都希望与你合作去帮助你达成你的愿景。愿景一定是你的组织里面共同认可的东西，然后组织中的所有成员发自内心地一起朝向这个愿景奔赴，这样就有了思想上的一致性，增强了企业的凝聚力。

（二）科学先进的战略框架——以华为、腾讯为例

宝洁公司首席运营官罗伯特·麦克唐纳曾用一个军事术语来描述我们所处的商业世界格局：“这是一个 VUCA 的世界。”VUCA 指的是不稳定（volatility）、不确定（uncertainty）、复杂（complexity）、模糊（ambiguity）。在这样的时代，没有哪个个人单凭一己之力就可以持续输出正确的战略决策。所以企业战略的正确性是以战略决策框架的科学性来保证的，好的战略就是持续输出一个接一个科学且正确的决策，所以我们谈战略问题，核心问题是把决策做正确的概率问题，要做的是站在巨人肩膀上思考什么是科学的战略决策框架。好的框架可以设计如下：一把手或战略研究团队应该经常与对当前时代形势有深刻理解的实践者、观察者、思考者交流，掌

握信息的最优先与信息来源的最宽广，做好战略发散，然后由擅长研究行业规律、趋势和周期的科研者，基于未来五到十年做战略收敛，然后再由擅长织造有温度组织的管理架构设计者，编制有温度的组织，最后再由公司财务与业务负责团队，集体对一个战略决策可能带来的相关业务及财务表现、资本市场与竞争对手及客户反应等进行分析，做基于业务、财务和客户等方面的判断。小成靠机会和技巧，也就是术，大成靠趋势和周期，也就是道。战略框架是要提升抓住趋势和周期，主动做大自己的概率。

什么是伟大的企业？在当今中国，我觉得唯有华为。早在2005年左右，为了进行战略的逆向思维，华为参照军队的红蓝对攻方式设立了蓝军参谋部，专门负责审视、论证“红军”战略、产品、解决方案的漏洞或问题。华为搞战略决策，往往等到“红军”和“蓝军”打得差不多的时候，任正非最后出来做决定，这是华为的战略框架。“蓝军”比较著名的胜仗，是阻止华为出售终端业务。2008年，华为准备卖掉终端业务，当时“蓝军”拿出了一个报告，结论只有一条：未来的电信行业将是“端－管－云”三位一体，端就是手机，终端决定最终需求，放弃终端就是放弃华为的未来。后来任正非采纳了“蓝军”的意见，之后才有华为手机的辉煌。所以任正非认为，对于战略，一个人不管如何努力，永远也赶不上时代的步伐，只有组织起数十人、数百人、数千人一同奋斗，你站在这个上面，才摸得到时代的脚。因此，战略的关键是站在一群巨人肩膀上去远观去思考，而不是闭门造车，面壁空悟。华为是世界上最具有西方管理和中国哲学特色的公司。不论是从战略、研发还是到营销、售后，全是世界上最先进的，虽然这些环节互相之间也有矛盾，但最终都能统一到“以客户为中心，以奋斗者为本”上来。

华为 1998 年曾拜师 IBM，因为当时 IBM 的主席郭士纳成功让 IBM 起死回生。当时任正非直接给了 40 亿咨询费引入 IPD（一套产品开发的模式、理念与方法），据说，华为的营销团队说把 40 亿给他们，可以赚来 400 亿，而任正非却说，我不要 400 亿，我要 4000 亿，4 万亿，你们能挣来吗？IPD 帮助华为，一是从偶然成功转变为构建可复制、持续稳定高质量输出成果的管理体系；二是从技术导向转变为客户需求导向的投资行为；三是从纯研发转变为跨部门团队协同开发，共同负责。有了 IPD，华为提出了一个口号“一次把事情做对”，这个口号诠释了 IPD 的核心内涵。IPD 本质是把机会落实到商业变现。企业的未来就在于优秀创新的量产，而 IPD 实现的就是这个需求。著名投资家郑翔洲有句名言：“未经理论审视的实践，无法复制。”现在处在一个多变的，创新找死、不创新等死的时代，有一套控制体系来确保产品的正确性将至关重要。以芯片为例，一颗芯片从设计到量产，最费钱的地方在流片环节，也就相当于样机，28 纳米流片做出来发现有问题，失败成本大概 100 万美元，7 纳米就超过 2800 万美元，5 纳米将在 4000 万美元以上。

曾经的《华为基本法》第二稿由黄卫伟老师构思，该书借鉴了美国企业研究者彼得·德鲁克的思路，并用直白的语言表达出来：第一，企业过去成功靠什么；第二，过去成功的要素哪些能够持续帮助企业成功，哪些成为障碍；第三，面向未来，企业成功靠什么。《华为基本法》第二稿回应了这三个命题。

2021 年 5 月 17 日，以“因聚而生有能有为”为主题的“华为中国生态大会 2021”在深圳会展中心拉开帷幕。华为轮值董事长徐直军说：“为了适应数字化转型的要求，华为将变革现有合作伙伴体系，打造真正的能力型伙伴体系……基于对伙伴能力的评估和定级，制定合作策略，让能力强的伙伴获得更多机会与支持……也就是能力强、贡献大的伙伴，获得的项目和激励多，能力弱、贡献小的伙伴，获得的项目和激励小。”说白了就是，如果一个企业不能用先进的数字思维不断重构自己的模式，不改变传统的思维模式，那就是猪队友，能力成长很慢，华为也不跟你合作了，怕被连累。

对于华为的人力资源战略，任正非曾经说过：“完美的人，是无用的人，如果说一个人不完美，我反而要看看他在哪些地方是可用的。”也就是说，如果一个人的长板不能成为企业的长板，这个人放到哪里都是短板，可有可无。因为从木桶边来看，都是从最基础的底下向上生长的，而不是从中间开始光长上半截，不长下半截，所以一个长板如果不能从底部直接生长到最长，就无法被使用。他曾经举过一个例子，有一个俄罗斯专家，被任正非封为科学家，不擅长交际，只喜欢玩电脑，搞了十几年，突然就突破了 2G 到 3G 的算法，就这一下，华为领先了全世界。

下面再来看看腾讯的战略特征。

2015 年，腾讯曾经一下子推出了十几款个游戏，其中“王者荣耀”最终被广大用户认可，脱颖而出，成了爆品，甚至到了 2021 年 1 月，这款游戏依然赚了17.25亿，是当时世界上最吸金的游戏。这款游戏如果不是推向市场，由市场来决策，而是由所谓的专家凭过去传统经验决策，“王者荣耀”大概率会夭折。由于现在父母的压力大，容易苛责孩子，孩子更容易到游戏中寻找容易获得的存在感，寻找正反馈。但是从长远来看，游戏产业应该在合法合规的前提下去发展，应该帮助玩家培养好的游戏习惯，小玩怡情，大玩伤身，久玩丧志。

某著名投资人说，他当年就是听信了某专家的话没有投小米而后悔不已，那个专家的理由是雷军是搞互联网出身的，没做过手机。对，就是这个没做过手机的人，创造了中国手机的一个时代。2012年被称为中国移动智能元年，因为搞互联网出身的雷军用互联网思维重做了手机市场，在2011年8月16日，推出了1999元的智能手机小米M1，这个创新不光改变了中国，也改变了全世界。由于千元智能机的发售，线上营销的渠道入口由PC端逐渐转移到智能手机端。有句话说得特别对，干掉你的一定不是同行，而是跨界创新。三全食品的老总说，他一直以为干掉自己的是同行“思念”，谁知道是饿了么和美团，出门一看，原来是摩拜和小黄车，附近一两公里就有饺子馆，骑上就到。所以秉持传统思维管理的传统企业，有极强的战略风险，除了国家战略之外，其余的行业几乎都会被重组掉。

传统企业不允许试错，要求不能犯错，后果就是小错不犯，大错不断，战略错误不断；而具有互联网思维的企业恰恰相反，是小错不断，大错不犯。比如腾讯的游戏业务，谁有好剧本都可以上，失败了总结教训就行，直到“王者荣耀”被大量客户喜欢，然后立刻与客户一起加深认知，挖掘客户喜欢的点。王者荣耀降低门槛，让女性玩家在游戏中获得群体存在感，就是让普通客户在这个虚拟平台获得了王者的荣耀。确定了这就是客户选出的战略机会点后，再将战略资源投入进去，这就是风口。因为只有腾讯找到了这个未来有巨大市场的秘密，等更多游戏企业也明白的时候，用户已经成了忠实用户和铁粉。这就是大错不犯。

再比如，当年小米推出米聊，腾讯如临大敌，就用内部“赛马制”，找了三个团队同时跟跑，模仿复制米聊的功能，直到广州的张小龙团队率先做出了微信，然后把战略资源压到张小龙团队上，一直跟跑米聊达到3000万用户的时候，米聊的运维出现了问题。张小龙曾经运维过腾讯的QQ邮箱，运营能力非常强大。腾讯是模仿大师，谁出了好的产品，腾讯要么买过来，要么先模仿再干掉。

马化腾曾经说过，年轻人喜欢用QQ不喜欢用微信，并不是因为QQ有多好，而是年轻人不喜欢与中年人、老年人在一块，他们不喜欢被说教。这就是客户的底层需求。罗振宇在2021年6月16日的演讲时说：“游戏是个坑，但这个坑跟你想的不一样，你老以为我们是把坑挖深，错了，我们干游戏的，本能功夫，是把坑挖滑，只要你胆敢进一点点坑，一出溜就下去了，这才是我们的本事，你光把坑挖深算什么本事。”

六、《孙子兵法》——古今中外战略第一书

（一）战略最重要的五件事

孙子是迄今为止古今中外的战略第一人，其实国内很多人对于《孙子兵法》的理解还停留在浅层，还以为只是三十六计。《孙子兵法》又称《吴孙子兵法》《孙武兵法》，简称《孙子》，由孙武所著。孙武，字长卿，春秋末期齐国人，从齐国流亡到吴国，辅助吴王治国安邦、带兵打仗，被尊称为“兵圣”。《孙子兵法》被誉为“兵学圣典”和“古代第一兵书”。讲战略，《孙子兵法》是古今中外第一书。

百度对“三十六计”的解释是：‘三十六计’一语，先于著书之年，语源可考自东晋末年名将檀道济（？—436年），据《南齐书·王敬则传》：“檀公三十六策，走为上计，汝父子唯应走耳。”意为败局已定，无可挽回，唯有退却，方是上策。此语后人赓续沿用，宋代惠洪《冷斋夜话》：“三十六计，走为上计。”及明末清初，引用此语的人更多。于是有心人采集群书，编撰成《三十六计》。但此书为何时何人所撰已难以确考。所以“三十六计”属于战术层面的计谋，从军事谋略上看，属于《孙子兵法》的一部分。

孙子其实是一个战争规律的集大成者。美国20世纪最伟大的战略学家迈克尔波特，曾经提出战略 13 条最核心的原则，全部出自《孙子兵法》。战争涉及的客观规律体系有哪些呢？孙子认为战争的五大要素为“五事”——道、天、地、将、法。这五件事情不仅可用于军事战争中，在商业战争中同样也适用。

《孙子兵法》中的“道”指战争所涉及的客观规律。

“天”指行业，行业与具体事物相关联。行业特征其实就是事物的本质特征，有些需求是不常变的，但是实践方式不断在更新迭代，比如随身听行业，由最初的磁带机到 MP3，再到现在的手机。但是这个行业最初能够被创造出来，就是索尼的 walkman，从 0 到 1。只不过现在最好的音乐手机是苹果公司生产的，索尼擅长的 walkman 在 MP3 时代就已经被淘汰了。

“地”指市场，可以理解为区域市场，最终在市场中，产品销售既有行业特征也有市场独有的特征。企业生产的产品都必须通过市场卖给客户才能落地变现。

“将”指将军，是负责实现结果的人。“猛将必起于卒伍”，既要吃透道，也要积累无数当下的经验。孙子认为好的将军应该做到智、信、仁、勇、严五个方面，称为“五德”。

“法”指组织、规则及战术，也就是内部控制体系。

（二）战术一定要服从战略

这一节不是《孙子兵法》中的内容，是我在研究了众多战争案例后加上的。战略是指指导战争全局的计划和策略，战术是指导和进行战斗的方法。在战争中尤其要注意，战术一定要服从战略，不服从战略的战术，即使在战争中获得了大胜，也往往会导致战略的失败。因为在战术与作战方面无论多么优异，都无法补救政治与战略方面的错误。华为有条原则叫作“让听得见炮火的人指挥战斗”，这个指挥指战役里面局部的战术指挥而不是战略指挥，而战略决策还是由高层来制定，甚至要结合外部咨询的建议去审慎提出，而且战术决策绝对不能违背战略决策，这是一条根本原则。

“基辅会战”是“二战”时期最大的包围战，苏军 5 个集团军被消灭，65 万人被俘，德军缴获 3500 门火炮 900 辆坦克。希特勒得意地称这场会战是“世界战争史上最伟大的会战”。但这场会战使德军丧失了占领莫斯科的最好机会，再等到发起“莫斯科战役”时已经是 10 月份了。首先是秋雨导致德军寸步难行，其次是严寒导致德军几乎失去了战斗力，而苏军却趁这两个月得到了动员西伯利亚预备队的机会。最终，苏军依靠伟大的“10 月将军”“11 月将军”，也就是严寒的天气，再加上地利、人和成功保卫了斯大林格勒，最终扭转了“二战”的战局。

历史上关羽之所以败走麦城，恰恰是他打了水淹七军的大胜仗，从战术来看，这个胜仗非常辉煌，但是从战略来看，异常失败。从战略来看，关羽要做的是守荆州，但是水淹七军的大胜让他贪恋这种荣誉，之后他继续攻打襄阳，不幸中了曹仁的毒箭，华佗给他刮骨疗毒后，荆州就被陆逊派吕蒙用计拿下。最后，关羽带伤既拿不下襄阳又回不去荆州，只能败走麦城。这次失利直接导致了刘备集团整体的联吴抗曹战略的失败，刘备兴兵举全国之力为关羽报仇，最终死在白帝城。由于没有刘备的领导和支持，后期诸葛亮在指挥北伐的时候遇到了很多困难，最终也没能成功匡复汉室。这就是因为不合乎战略的战术上的大胜，以至导致整个组织的覆灭。

（三）先知——知彼知己，百战不殆

关于战争前对敌我竞争态势的分析，孙子提出要做“先知”，要“知彼知己，百战不殆”。不是人们误以为的“知己知彼”，而是“知彼知己”。孙子把“知彼”放到更重要的位置，一是因为对方的真实信息更难以获得；二是如果要打胜仗，就要根据对方的部署来设置自身的部署，也就是先“知彼”，才能“知己”；三是真正厉害的将领，可以进入对手的头脑和内心，根据对方的思路来对自己的军队排兵布阵。

“二战”时期，盟军为了成功在诺曼底登陆，早在1943年就开启了蒙骗希特勒的假情报计划，即“保镖计划”。盟军主动抛出一个假设性的提案给德国人——盟军定于诺曼底和加莱两地选择性登陆，实际上却在英国东南部地区广泛集结伪装部队，让德国人相信加莱将是盟军的登陆点。由于盟军提前解密了德国的情报机构，将德国情报人员的情报通道给约束了起来，德国相关机构完全无法通过“多方求证”的方式，对单一情报的真实性进行审核，然而害怕承担责任，抱着“宁可信其有，不可信其无”的心态，德国人还是相信了盟军主力将在加莱登陆，将所有的主力集中在了加莱，间接地制造了诺曼底“无兵可守”的漏洞。这就是情报战的威力。

（四）战争要不要打？七个维度衡量一下

《孙子兵法》提到的“七计”，就是衡量自己与竞争对手各维度差距的方法，类似于今天的SWOT分析。

关于用人，《孙子兵法》的“七计”提到“主孰有道、将孰有能、兵重孰强、士卒孰练”，也就是元帅是否掌握足够多的客观规律，是否都能吃透，能否察天文、懂地理、懂人心，是否有宽大的格局和视野，是否能够知人善任，了解大将优点的上限及缺点的下限，是否善于听取他人好的建议，做到听大多数人建议、与少数人商量，自己拿主意；大将是否比竞争对手的大将能力更强，再通俗来讲，是否一生只做一件事，是否有勇有谋，能否带兵打仗，攻城拔寨；士兵的装备是否精良，培训体系是否完善，能否勤于训练，能否互相配合且使用高科技武器。

猛将必起于卒伍，但是猛帅却不必起于卒伍，因为决定战争胜负的，往往不在战争之内，而在战争之外。猛将起于卒伍，为结果负责，优点是有丰富的经历和经验，缺点是因为对结果的过度焦虑导致格局太小。为方向、道路负责的帅才更需要在战争之外不断寻找大势，不断将战争作为时局运转的一部分，放到更宏观的道的层面去看待战争。历史上最著名的帅才，真正能够辅佐帝王或者自己成就一番霸业的，如诸葛亮、韩信、卫青等，我认真研究过这些人，他们都是博览群书，做“道”的收集者，在掌握大权之前都不是高级别的军队干部。

只有吃透规律，看到的才是因果关系，反之，见到的都是相关关系。很多外行领导喜欢察言观色，细节看人，仅靠一两句话去判断一个人，其实是无法判断的。他往往觉得什么都有道理，但是只有真正吃透了规律，才知道这个表象指向哪一条规律，才能从中发现因果关系。未吃透规律发现的都是相关关系，因此吃不透的只能用演技来凑。只有懂行业本质的一把手，才能识别行业中最优秀的将军，也就是伯乐与千里马的关系。类似的将帅搭配，比如三国时期的诸葛亮与刘备集团的五虎上将，书中记载，董卓认为打仗在勇，曹操、周瑜则认为打仗在谋，唯独诸葛亮认为打仗在道，他在“草船借箭”一战的船中对鲁肃说：“时机成熟了，日月山川皆可为兵。”道的厉害，只有站在最广袤的宇宙中，在漫长的历史长河中，才能看到。因此诸葛亮比其他集团的一把手或者谋士有道，刘备集团的五虎上将比其他集团的大将有能。当然这是从战争中看主孰有道，如果脱离了战争，比的却是谁能顺应时代潮流，谁能凝聚人心，谁能得到来自人民、来自外部其他盟友的支持，等等。

在战争之外看我们如何能够找到更好的帅才与将才？首先是一个人要清晰了解自己的人生使命，然后他为了这个使命每天都在调查研究、努力工作，日积月累，一万小时，吃透了客观规律。在这时却遭遇重大挫折，被竞争对手打击，跌入谷底，但当他从谷底爬起来的过程中依然不忘初心，不做坏事，不去报复，最终他会遇到贵人或者自己变成贵人，事业到达高峰。正如孟子所说，天将降大任于斯人也，必先苦其心志，劳其筋骨，饿其体肤，空乏其身，行拂乱其所为，所以动心忍性，曾益其所不能。比如俞敏洪高考第三次才考上北大，然后拼命跟其他人卷，最终得了严重的肺结核，进了医院待了一年，没有人跟他说话，他不得不依靠读书打发日子，跟教员的经历很像；然后他因为组织培训被北大开除，为了混口饭吃不得不创办新东方，后来想出国又被美大使馆三次拒签；新东方蒸蒸日上的时候，找来王强、徐小平做合伙人，却又被王强等人集体罢免了董事长。他没有说新东方是他办起来的，而是依然帮助新东方去找最好的合作伙伴，后来大家觉得老俞是真心帮助大家，又让他当了董事长。2021年6月国家出台了“双减”政策，新东方股价一夜之间蒸发了2330亿元，俞敏洪大哭一场，依然带领新东方向农村捐了桌椅。从2021年下半年开始他想要带货却一直被讽刺挖苦，最终找到了东方甄选的模式，直到2022年的6月份，突然就大火了。

1987年，任正非44岁，他出来创业建立了华为，是因为他在国企任职时被人骗了200万元，他不得不辞职。当时，他还离了婚，他变得一无所有，不仅需要养活一家子人，还得还债。1999年，任正非又遇到了他人生的大低谷，因为他1998年斥巨资向IBM引进IPD之后，他的竞争对手已经看到了华为即将到来的辉煌，当阳谋不可能打赢华为的时候，便使出了最大的阴谋，在他“君子终日乾乾”即将起势的时候，被他的对手用最大的阴谋击落谷底，他自己还得了重度抑郁症和疑似癌症，他整个人对经营华为的意义产生了怀疑，所以他想把华为卖给摩托罗拉，结果因为摩托罗拉改组，拒绝了这次收购。后来中央来调查，为任正非正名。当任正非走出来之后，他开始按照他自己的思路去改造华为，理智克制地严格遵从客观规律，带领华为走最高端、最先进、最有未来的道路，比如，他在那个时候就预见了未来要与美国发生对抗，于是在那一年就开始筹划“备胎计划”，并且在2004年建立了海思公司。

为什么一个人能从深渊中没有太大过错地走出来直至“飞龙在天”呢？有一个很重要的原因就是，这个人始终坚信是真理带领他从至暗时刻走出来，而不是任何一个人，这时候他才能够真正建立对真理的信仰。

很多企业的许多干部提拔于一二十年前，到现在这个年代，时代已经不太一样了，但他们还是沿用过去的思路和审美去用人，比如用人际关系型干部，当时局艰难的时候，这种干部就会无法坚持正确的决策，而听从更强势的一方，谁脾气大就听谁的，如果一个企业脾气大的领导多，这个企业的最高领导往往就是外行。比如电视剧《亮剑》中的李云龙，人际关系搞不好，就给他配一个赵刚，但是打仗不能让赵刚做主。外行领导内行，就算人际关系再好，决策成功率不高，最终输出的结果一样很差。

兵重孰强在现代商业战争其实指的就是高科技的应用和先进的销售渠道应用，比如现在流行的直播带货、私域流量，等等。高科技花钱就能买来，但是要想用好高科技，就需要懂兵法。现在各行各业都在做的数字化转型，其实就是用高科技来倒逼企业整体大改革。我是计算机专业科班出身，深知科技管理和与人相关的管理彻底不一样，科技是没有感情的，纯理性的；而与人相关的管理，感情是第一位，目的是让其自我价值得以实现。

关于如何放大资源效能，孙子提出“任势”，即当大势来临的时候学会借大势做大事，当没有大势的时候要学会造势。《孙子兵法·势篇》中说：“善战者，求之于势，不责于人；故能择人而任势。”也就是说，在大势面前，人的力量往往是微不足道的。由于事物的发展是螺旋式上升，波浪式前进的，所以大势其实就是这个波浪的一部分。在与敌人势能的比较中，孙子提出了“天地孰得”，也就是谁更符合时代形势。比如以随身听为例，到了 MP3 时代，做 MP3 的就符合时代形式，做磁带机显然就不符合。再比如，诺基亚没犯什么错，却突然就被苹果淘汰了。时代淘汰你的时候，没法跟你打声招呼。当前的时代大势就是每个行业都在进行数字化改革，都在用数字化来重做一遍。所以数字化这个大势，企业一定要抓住。除了外部的大势外，组织内部还有一个大势，就是“士气”，领导者能否通过不断打胜仗来提升员工士气，能否通过不断满足员工的肉体需求，将员工内在的势能提升，让他拼命地通过自我价值实现去达成组织目标，尤其在逆境的时候，是否依然能够有效凝聚士气是衡量一个将领领导力水平的试金石。

关于内部控制体系的比较，孙子提出“法令孰行”，当然这里面也包含一个前提，法令必须符合规律。中国传统文化一直以服从为主，尤其在那些传统文化大省，执行一直不是一个难事，难的是法令是否符合规律。法令的执行，也就是所谓的企业执行力，一是来自统一思想；二是互相监督，构建三道防线；三是绑定利益链及责任链，明确奖惩。

关于绩效考核体系的比较，孙子提出“赏罚孰明”。明朝万历首辅，著名改革家张居正曾经有个名言：“赏一人当其功，则千万人已劝，刑一人当其过，则千万人已惩。”由于普通人有“从众效应”，也叫“羊群效应”，尤其在大战之时，赏罚分明非常重要。特别是在逆境的时候，赏罚分明能保证军心的稳定；而在顺境的时候，更能保证进攻气势。赏罚往往对应的就是集体内部的势能。由于普通将领与士兵目光短浅，容易被敌人散布的谣言所惑乱，这时候赏罚这种外部措施可以直接激起将领和士兵内心的贪婪与恐惧。

（五）全胜的四个层面

《孙子兵法》提出全胜的概念，对应的经济学原理就是：以最小的投入，换取最大的产出。全胜包括四个层面，即“上兵伐谋、其次伐交、其次伐兵、其下攻城”。也就是说，竞争最好的取胜之道首先是用谋略，“不战而屈人之兵”，用敌人的力量消灭敌人；其次，好的方式是与对手通过交际形成同盟，互相获得自身所需；再次就是打仗，主动运用高科技和先进武器去打击对手；最后就是攻城，比如对手有了很高的品牌护城河，为了公司战略不得不打这一仗。要打击对方的优势所在，往往资源耗费量极大，聪明的企业几乎一生都不会这么做，他们更希望重建一个新城，建得更加人性化，将其他城中的原住民吸引到自己的城中，自己的城中有足够居民就可以，不用活成老百姓喜欢的故事，为了要个以弱胜强的面子再把命给丢了。任正非就从来没有正面对抗过美国，反而一直说把美国当老师，不管别人如何拼命地道德绑架。这才是真正有战略智慧的人！

现代军事战争是使用高科技追求全胜的，比如美国推行的“斩首行动”，指用巡航导弹和精确制导导弹对敌方进行军事打击，通过精准打击，先消灭对方的首脑和首脑机关，彻底摧毁对方的抵抗意志。也就是我们常说的“擒贼先擒王”“打蛇打七寸”。海湾战争和科索沃战争中的斩首行动主要是针对敌方的战略指挥控制系统，而 2001 年的阿富汗战争和 2003 年的伊拉克战争，则是直接针对敌方最高领导人进行精确打击，这样的打击体现了打敌要害、直接置敌于死地的战略思想。基地组织首领本·拉登、伊斯兰国组织 ISIS 头目库莱希也都死于美军的斩首行动。

（六）奇正之术与降维打击

当战争中陷入对抗的时候，要先保证自己的积极主动，也就是毛泽东所说的：“你打你的，我打我的”。战争过程中最好用的战术是“以正和，以奇胜”，也就是在不擅长的地方模仿竞争对手，在擅长的领域把战略资源全部投入，出奇制胜，不在非战略机会点过度消耗力量。微信战胜米聊就是用的这种战术，这也算互联网企业最常用的战术。跟跑思维现在被广泛用在互联网企业，跟跑之王往往都成了笑到最后的人，从历史上看，陈胜吴广起义，跟跑的刘邦做了皇帝；元朝末年红巾军起义。跟跑的朱元璋做了皇帝。从当代商业看，小黄车先做出了共享单车，摩拜成功套现，格力拥有核心科技，没有核心科技的美的坐了国内白色家电的头把交椅。所以很多企业最需要的不是原创团队，而是能够跟跑复制对手优势的团队，直到对手露出劣势的时候，再突然造势用核心竞争力打败对手，或者一直依靠模仿他人的优势再加上自身的原有优势，形成差异化的竞争格局。如果没有大势，就需要造势，造势需要“其势险，其节短”。

关于攻守时机的把握，《孙子兵法》提出“先胜”的概念，“昔之善战者，先为不可胜，以待敌之可胜。不可胜在己，可胜在敌”“胜兵先胜而后求战，败兵先战而后求胜”。不打无把握之战，因为只要掌握战略主动，就可以做到能打赢就打，打不赢就跑。如果实现了战略意图，即使跑了也不算败。那什么时候适合打赢呢？一是有大势来的时候；二是当竞争对手出现漏洞也就是犯错的时候。除非实力碾压，否则第二条尤为重要，也就是要关注竞争对手优势中自带的劣势。比如，关羽是个擅长进攻的将军，派他守荆州，就存在他耐不住寂寞的可能，因为守城让他缺乏存在感。果然当他耐不住寂寞领兵攻打曹军，在水淹七军大胜之后，贪恋胜利而不回荆州，导致被陆逊派吕蒙趁荆州空虚夺了荆州。关羽擅长攻城就是优势中的劣势。再比如，项羽武力很强，他的计谋主要来自他的“亚父”范增，所以他计谋优势中的劣势在于项羽说了算，而他自己本身不知道有多少计谋，这个劣势就被陈平抓住，用来离间了项羽和范增。所以《孙子兵法》提出的“避实”“击虚”的本质就是集中自身兵力，在竞争对手有漏洞的局部，薄弱的地方形成降维打击。这时候是有一个信息差的，因为当我方集中优势兵力的时候，也有虚的地方。

降维打击是自然界的主要运作方式，就是丛林法则。同等高手比拼，为了尊严，这是人类才干的事情。动物只有在求偶或者维护自己地盘的时候才不得不这样做，否则都是以大欺小，因为这样能保证存活的成功率，生物的本能不是求真或者求尊严，而是求活，求生存。互联网思维的企业，在任意一个维度都拥有绝对优势，会进行降维打击，完全靠实力碾压其他竞争者。降维打击是高维度向低维度进行攻击。比如频率的高维打低维，360 推出免费杀毒软件，直接打败了所有的收费杀毒软件，尤其是金山和江民。再比如资本的高维打低维，国有银行对中小银行的降维打击，对中小银行客户的“掐尖”，京东上市以来持续亏损，就是赔钱在做家电，由于资本市场非常看好它，所以估值很高，因为京东这样有助于扩大市场占有率，碾压苏宁、国美等竞争对手。因此现在的竞争基本都是降维打击，降维打击往往不是正向现金流，而是逆现金流，也就是赔钱干。

降维打击容易上瘾，因为获得的利润是垄断利润。如果你去深圳，你会看到很多企业，从战略一直到营销每一个环节几乎都是重做过的，而且一直在持续重做下去。这样的企业面对传统的、领导提一条改造一条的企业，无疑是碾压式的，就像原子弹对手榴弹一样。

（七）兵形象水，打造水一样的组织

孙子提出“夫兵形象水，水之形，避高而趋下，兵之形，避实而击虚。水因地而制流，兵因敌而制胜”，指的是带兵的基本战术要像水往低处流那样，不吃眼前亏，避其锋芒，从敌人的薄弱之处进行打击。用兵在于随机应变，要像水那样“随物赋形”，即形状随容器的变化而变化。

孙子那个时代，刚好与现在的商业竞争时代有点相似，诸侯国也就像各个大企业一样，不断拼命发展自己的科技并且拼命发起内外部战争。所以孙子提出了在当前都很先进的思想，即“机变”的思维。正所谓“草鞋没样，边打边像”“世界上本没有路，走的人多了，也就有了路”。所以为了应对外部环境越来越极端的不确定性，他提出要打造水一样的组织。红军在“四渡赤水”的过程中将部队扁平化管理，部队就有了“敏捷化”的特征，这个特征也为后来极端不确定的外部环境中机动灵活的长征奠定了基础。在生存空间越来越狭窄的今天，各大企业都在开展数字化变革，组织和团队的机动灵活变得尤为重要。

美国迈阿密大学管理学终身教授陆亚东及中山大学管理学院副院长、教授符正平认为，“水”的组织包括动态、灵活、适应、渗透、开放、持续等特征。目前数字化改革中普遍提到的“敏捷化组织”，其实就类似于“水样组织”，这种组织像水一样可以主动、灵活地应对环境变化，具有坚韧性、个体能动性、动态适应性及融合性的特征。华为就是一个特别像水的组织，在美国对它最严苛的制裁下依然没有阻挡他前进的脚步，这与华为整个组织的韧性有很大的关系。在《管理的灰度》一文中，任正非提出：“一个领导人重要的素质是方向、节奏。他的水平就是合适的灰度。坚定不移的正确方向来自灰度、妥协与宽容。”换句话说，像水的组织都有一个擅长灰度思考的领导，灰度就是矛盾，就是阴阳，就是反脆弱，就是总能看到事物表象相反的方面。每一个清晰方向，都是在混沌中产生的，是从灰色中脱颖而出的。这就需要领导者像电影《教父》中的主角一样，随时准备撕开表象直击本质，看到方向，而且还要不断权衡利弊得失，以坚定不移的韧性，找到一条狭窄的小道朝正确的方向走去。华为的“备胎计划”就是华为灰度管理的产物，在取得重大胜利的时候，任正非却早已在思考如果美国要制裁华为，华为应如何应对。还有华为不选择造电动车，因为造电动车生存概率低，但是造电动车必备的操作系统、传感器、芯片，这样生存概率就大大提高了。任正非甚至提出谁再建言造车，谁就撤职。这就是战略家的灰度思维的战略定力。除此之外，水也是开放融合，利他的。任正非2014年在华为内部通过提出“一杯咖啡吸收宇宙能量”的口号，建立了华为的咖啡文化，他认为如果华为人都只会孤军奋战，思想错了，方向错了，越厉害就越有问题，所以他多次强调华为人需要通过喝咖啡来加强与世界各国科学家的沟通联系。2016年的时候，彭剑锋老师跟任正非有过一次对话，任正非讲道：“华为之所以有今天的成功，主要在于两点，第一点，我们分钱分得比较合理。华为实行员工持股计划，让奋斗者，让有贡献的人得到应有的回报。第二点，我比较傻，所有人都愿意占我的便宜。所有人怎么占我便宜呢？他们得跟我合作才能占我的便宜，当所有人都跟我合作的时候，我就是最大的受益者。”这就是华为的利他。在华为的业务扩张上，任正非坚持市场三分之一的友商理论，也就是说华为只保留自己产品在市场的三分之一比例，其余的归竞争对手和合作企业所用。同时，华为提出“让听到炮声的人呼唤炮火”，组建面向客户的机动灵活的“铁三角”基层作战单元，这个铁三角就学习自解放军四野的“三人小组战法”，华为的铁三角包括一个客户经理或系统部部长、一个产品或服务解决方案经理、一个交付管理和订单履行经理。华为背后还有强大的数字化平台来不断给铁三角赋能，互相熟悉、目标相同、能力互补的团队可以让华为在与任何竞争对手竞争时，快速吃透客户和对手并保持差异化竞争优势。

七、营销管理与风险管理的差异

（一）风险管理与营销管理

老子《道德经》提到“以正治国，以奇用兵”，这句话也深刻解释了“守土”与“征伐”的思维区别。每个企业都有前后台管理之分，也就是常说的风险管理与营销管理，其中风险管理类似守土，而营销管理类似征伐。

风险就是不确定性，确切地说是事物表象的不确定性，所以风险管理实际上就是吃透事物的本质，事物的表象是沿着本质所呈现的。为了更好地控制风险，企业的风险管理一般奉行“木桶原理”，强调搭建三道防线，理论上三道防线搭建好，就不会有大的风险发生。风险管理是“治未病”，强调阳谋，有很多在外行看来似有大用实则都是无用之用，这是因为人对风险的认识跟不上，很多风险都是未被充分识别就被三道防线防住了，如果只是就已知风险采取防范已知风险，后果就是未知风险会不断冒出来，因为风险管理要想做好，必然会有很多资源消耗得不明不白。

营销管理是打仗是博弈，强调知彼知己，出其不意，资源用在刀刃上，也强调避实击虚，奇正之术。做营销的年轻人如果有资源，知道如何把握尺度，就会有很好的收获。做风险管理往往需要很多年的经验，才能对风险加以识别以及制定风险控制措施，如果让一个营销一把手去做风险管理，他大概率会撤走大部分防线，因为觉得没有创造价值。一个崇尚进攻的将军，会觉得守城的士兵没有任何价值，因为没有敌人来进攻。但是按照集中优势兵力的作战方式，把守城的士兵集合起来，那些数量上的优势或局部优势，将会带来整体的漏洞百出。“无用之用，方为大用”，其实背后的含义是隔行如隔山。风险管理本身不需要求彩，类似于中医所说的“治未病”，而营销管理一定要亮点纷呈，亮点就是变现点。

从微观上看，营销管理类似“剑式管理”，强调在行业内的细分领域，具备核心竞争力和垄断优势，直接用实力碾压，获取垄断利润，保证企业的营收和利润指数型增长。“剑式管理”适用于英雄式领导。后台管理类似“桶式管理”，强调“三道防线”的协同。第一道防线主要为业务部门自身的风险防控，是贴身防护；第二道防线主要是风险、合规、纪检等部门，强调范围防护；第三道防线主要是审计部门，主要责任是盯紧第一二道防线遗漏的地方，查漏补缺。小企业习惯将审计这个第三道防线作为一个合规检查的机构，这样第三道防线做合规检查主要盯的就是风险的表象，而不是顶层设计上对风险本质的控制，否则，即使后面再加十道防线，风险管控依然会漏洞百出。就好像木桶向外漏水，第三道防线拼命把漏出的水放回木桶，而不去寻找漏洞，结果漏洞越来越大，哪怕找来十道防线一起把漏出的水放回木桶，水依然会继续漏出。而如果后台管理强调对领导的绝对服从，那领导不知道的盲点就会造成风险漏洞。如果领导再因为自己擅长做亮点，而把他觉得没用的木板抽掉将长板加长，后果就是长板变得非常长，漏洞也越来越大，一个木桶就会变成一个扫地用的簸箕，簸箕是装不了水的。所以前台领导干部应该擅长攻城拔寨，而后台领导干部应该敬畏审慎，就像守城将军那样，盯住风险防控体系，这是两种完全不同的领导风格，对应不同的人格。历史上著名的守城将军，比如司马懿、李牧等，都属于老谋深算，深谙守城之道而且特别能忍的人。同样，风险管理的负责人也需要这样的人才。如果用一个擅长攻城拔寨的将军去守城，后果可能是灾难性的，因为他极有可能为了想立功而忽视了风险的普遍存在性，甚至他自己根本意识不到这些风险。关羽是著名的攻城将军，让他守荆州，他就无法理解守城之道，耐不住寂寞，经不起诱惑，集中优势兵力做了水淹七军的亮点，却破坏了守城三道防线体系的完整性，最终被敌人抓住漏洞，丢了荆州。现在提到的精准防控风险，只是对已知的重大风险精准防控，要想保证企业不出问题，不出大的漏洞，就要依靠盯紧“三道防线”，多数未知风险就在无形中被控制住了。由此可见，企业最大的三个风险，分别是战略风险、用人风险及案件风险。

（二）企业组织的五个阶段

中关村第一才女梁宁在她的《增长思维三十讲》中形象地将组织分为五个阶段：几个人到十几个人，是一个家庭；几十个人是一个部落；几百人是一个村庄；成千上万人，是一个城市；数万人，类似一个国家。其中，家庭组织的特点是主要靠老板一个人干活，其他人都在支持老板。部落除了像家庭一样之外，还得能打仗，得主动出击获取猎物，因此需要利益设计和利益一致，让更多能打的人参与进来。到了几百人规模的村庄阶段，就需要组织分工，大家彼此协作。从家庭到村庄阶段，组织主要依靠组织力在管理，特点就是热闹，但不专业。到了城市阶段，就需要考虑建设基础设施，建立秩序，用基础设施来为城市发展提速，为千万人赋能，用数据来洞察机会，用中台放大战果，进入规模化增长，到了万人以上就是文化与生态。从城市到国家，组织主要依靠管理体系的有效设计及有效执行。村庄阶段，有职能部门就可以，而到了城市阶段，需要修建护城河，建立城墙，修下水管道等。这个阶段非常难以跨越，因为需要管理模式的整体改变和管理者换脑换心，尤其是将过去成功的经验直接抛开。也就是本章提到的，前后台需要认真构建体系，否则随着财富的积累，一旦被敌人惦记上，很快破城被劫掠。比如，任正非带领的华为就是依靠 IBM 设计的 IPD 当作城市修建图纸，构建了华为最初的城市基础设施，为它高速增长打牢了基础。

八、管理体系的原理

（一）机械还原论与进化论，机械态与生物态

现代管理由“科学管理之父”泰勒提出，他的理念就是企业就像是一条流水线，每个人都是流水线上的一颗螺丝钉，也就是机械还原论思维。机械还原论的鼻祖是牛顿，牛顿认为整个宇宙是一个发条宇宙，也就是一个大机器，宇宙的发展都是可以通过数学算出来的。所以要想未来做得更好，不是从现在向将来分析，而是用数学由将来向现在倒推，也就是 KPI 绩效管理的原理。这种管理模式的集大成者是杰克·韦尔奇，他通过这种极致的机械还原论思维将美国通用电气公司变成世界第一大公司，他自己也被封为“世界第一 CEO（首席执行官）”。但是，随着内外部环境的加剧变化，这种思维的战略风险日益突出，GE（通用电气）公司 2019 年在美国亏损榜排名第一，亏损高达 223 亿美元。经历了 2020 年的短暂盈利 52.3 亿美元后，2021 年再次亏损超过 67 亿美元，成为 2022 年美国财富五百强亏损最高的企业。为什么？因为杰克韦尔奇的管理模式过去证明过非常正确，已经深入人心，所以现在的通用电气骨子里还是活在过去，幻想有朝一日历史会倒回去，重现辉煌。但是过去的成功只适用于过去的时代背景和大环境，现在时代变了，快速的创新使每个行业快速迭代，产品造出来了，但是卖不出去了。机械还原论作用于一个国家，就是计划经济

思维，整个国家是一个大的机器，每个企业是一个小机器，每个人是一个小的零部件。

进化论思维认为，企业是一个生命体，而不是一个机械体，生命不是精准的，而是有智慧、有创造力的，有主观能动性的，表现出来的形态就是生物态。“物竞天择，适者生存”，所以生物态企业习惯主动进化，主动按照经历过类似事情并活下来且发展得很好的企业的模式进化，就是先沿着成功者的道路彻底改造自我，然后再降维打击那些曾经实力差不多的对手。比如，华为本来与中兴实力差不多，自打华为拜师 IBM 之后，用 IBM 的思维进化了，回头再对战中兴，就变成了降维打击。不过升维进化要看自身的资源禀赋，不是什么老师都是可以学习的，比如当年腾讯抄袭米聊开发出微信，就抄对了。高手过招从来不搞平维消耗，就像自然界里面，老虎和狮子除非是饿得不行了，抢地盘了才打，否则一般都是互相避让着走，平时的主食也只是食草动物，并不像人类那样，动不动就为了所谓的尊严找高手亮剑，做无谓的牺牲。

机械态在用人的时候喜欢考虑一个人是不是在很多方面都可以做好零部件，表现就是不断给个人补短板，只强调秩序与服从，利用马斯洛需求层次理论中后四层需求去控制人；生物态的特征是平台化，拉长板，强调“天人合一”。既然互联网放大了每一个个人的能力，那就不断发掘组织中人的最长板，将他视为最长板，然后降维打击，碾压所有比自己弱的对手。

生物态强调人的创造力，满足的是自我价值实现需求，管理上多元化，英雄式的管理者少；而兴趣小组，小团队比较多，指令比较少，教练、授权、支持类型的管理模式比较多，就像华为的理念“方向大致正确，组织充满活力”，这样才能与客户深层次共生，最大化避免战略风险。从员工的角度看，生物态管理最重要的不是按照过去培养一个英雄，而是让更多人长成英雄，且长成不一样的英雄。所以生物态不能搞末位淘汰，因为有可能你淘汰的那个人，在下一个周期就是能救你的超级英雄，但是要保持流动性，适者生存，给他换个土壤看看能不能快点长出来。生物态用得更多的是组织力，而不是管理力。

绝大多数制造业企业都是机械态，而蚂蚁、腾讯、字节跳动、华为等都是生物态，所以他们的生命力是已经被验证过的。除非彻彻底底地知道客户的全部需求，否则机械态是极其脆弱的，稍不留神就被客户抛弃了。

机械态企业爱用记忆力好的人，生物态企业爱用创造力强的人。记忆力好的人，创新力往往很差。记忆力的本质是什么呢？是人脑里面神经元和神经元之间产生了强绑定的关系，因此神经元之间产生其他关系的可能性就弱化了，说白了就是创新力变差了，所以有句话说“强化的记忆让人类的智能趋向唯一性”。机械态的企业强调记忆与背诵及标准化，比如我们的高考是标准化考试，而这个世界是没有标准答案的，创新也是。生物态的企业强调知识的运用，强调创新力，如果竞争对手是标准化企业，我们只要找到一个稍微比对方近一点的路径，就可以降维打击对方了。

机械态企业的利润是算出来的，按照正态分布，让 80% 的人做到 80 分，所以强调人均利润，就好像百货大楼一样，按照柜台切割后单独核算。生物态企业是按照“幂次法则”来思考的，强调要让少数人疯长，长到 1000 分，甚至 1 万分，就像直播带货的主播一样。产品也是如此，你不看好的时候，产品是不是还在被客户疯抢，产品设计人员是不是还在全身心投入地迭代产品、颠覆产品，如果是的话，就说明这个产品生命力旺盛。好员工和好产品都是自己长出来的，公司只是提供了一个平台，一片土壤，公司领导就像好园丁，没事给他浇浇水，施施肥。现在百货大楼之所以没落了，根本原因就是百货大楼曾经的客户群体，已经人到中年，上有老下有小，舍不得花钱了。如果百货大楼是生物态的话，早就应该感知到以往的客户群体已经没钱了，该主动收缩防守，把柜台搬到线上来直播了，现在看来根本是做得不够彻底，没有孤注一掷，还心存侥幸，这就是机械态。

未来将是机器大面积替代人的时代，目前已知的机器无法做到的事情是共情、创意和审美。机器无法共情是因为机器没有肉体没有情感，一个小狗可以与人共情，但是机器不可以。机器没有创意和审美是因为机器没有灵魂，机器只能模仿人脑的左半脑，即逻辑思维的意识区域，无法模仿人的右半脑，即想象力创造力来源的潜意识区域。所以未来大企业主要依靠机器降维打击，小企业就只能依靠服务特定人群的共情，创意和审美来赚钱。机械态的企业依靠上对下的刚性指令达成目标，最大化地摧毁员工的共情、创意和审美能力，以及员工的自驱力，这样的小企业和干部员工注定是没有未来的。打开淘宝看一看，在热卖的小企业产品，哪个不是充满了共情、创意和审美？工具人创造不了那种产品。

欠发达地区大多是传统企业，传统企业强调听经验丰富的长者的话，他们那个年代类似计划经济，计划经济比的就是标准化、精细化程度和记忆力，所以，如果欠发达地区企业还坚持这种管理思维，发达地区的企业只要稍微找到一个效率更高的做法，就可以降维打击一大片。欠发达地区说："传统最重要。"发达地区说："您是客户您说得对。"然后欠发达地区说："过年要灯展才气派"，发达地区灯企说："好，我给您生产包您满意。"花灯主要来自广东佛山，经济发达地区的人连春晚都不看，都在努力生产来服务欠发达地区的春节经济，钱就都被发达地区企业赚走了。欠发达地区经济就不行了。欠发达企业说："我也鼓励创新啊。"当然，一个创新从底层做起，要经过艰苦卓绝的努力，甚至经历多次失败才能取得成功，甚至终究失败，欠发达地区容不得主动创新带来的失败，因为这没面子。

（二）用木桶原理来解释生物态与机械态

企业从宏观来看，就像一个大木桶，战略管理的本质，用"木桶原理"来解释就是"长板理论"，如何找到组织中人的最长板，并把他放到合适的位置变成组织的大长板是战略管理的关键。

如果将企业比作一个木桶，如何将一个木桶做大且不漏水是一个企业在扩张时最重要的管理方法论。《孙子兵法》讲，打仗要比较"主熟有道、将熟有能"，木桶的底板可以理解为元帅、管理者，木桶边的长板可以理解为大将、专家。元帅需要懂各个长板的本质，各个长板需要在专业领域内做足够长的落地。普通管理者会砍掉长板去补短板，让一个大将、专家跨界做自己不擅长的事情，在这个竞争白热化的市场经济下，这个总也补不起来的短板迟早被竞争对手抓住形成致命一击。而真正懂管理的管理者会再找一个差不多长的长板直接补上。其他长板不满意，内耗怎么办？解困方法是做好利益链的捆绑。比如，华为一般只奖励团队，不奖励个人，主推项目责任制。只有每个板都足够长的时候，桶里的水才是最多的，项目收益才是最大的。这时候其他长板由于是外行，会拼命支持新来的长板做到极致，以保证自己的利益达成。“小孩子才讲对错，成年人只谈利益”。人性本善还是人性本恶呢？二者都不是，人性本利益！如果桶底每天拿桶边的长短比高低，桶边就会有内耗，长板提升自己远远不如让其他长板变短来得容易。搭台越难，台就越脆弱，拆台就越容易，危如累卵就是这个道理。为什么恐龙灭亡了，蟑螂还活着？因为恐龙比蟑螂脆弱。新长板进来，没有位置插不上怎么办？桶底需要先于新长板长出来。领导干部要身先士卒，并不是让领导干部在打仗的时候先冲上去送死，而是调查研究在先，大兵压上在后。所以做桶底的管理者需要先把多余的底先做实，再引进新长板，将新长板插到底部多余的空隙，再跟其他长板接在一起，等磨合期一过，把断层断缝一补，桶的体积增大了，续水量就增多了，这就是目前比较先进的生物态管理。也就是说所谓的补短板，是另外找一个长板，把整个桶类似的短板都补了。

所谓给某个人才补短板，是让其短板不要影响其他长板发挥，短板不要影响与其他长板合作，也不是让短板变成长板，因为真正的长板都是天生的。生物态的本质其实就是“天人合一”，另一个词也叫协同共生，桶底和桶边都是自然生长出来的，不是人为强制硬掰的。比如中国历史上我个人认为最有生物态思维的皇帝是李世民，他很懂打仗，也很懂治国，对华夏各民族基本上也能做到一视同仁，所以他是木桶中天生的桶底，打仗他任用李靖、侯君集等名将，治国他任用魏征等名臣，所以他有了凌烟阁二十四功臣，这些人都是内行中的内行。在公元626年他刚上任时就在便桥边以三万残弱率智退颉利可汗的二十万大军，之后仅仅过了四年，就任用李靖大胜突厥，张宝相在那场战役中活捉了颉利可汗。而治国他采纳明相魏征的《谏太宗十思疏》的意见，坚信天下可以大治，并且通过任用贤良，汇聚百家思想精华融合去实践，真的让天下得到了大治，在贞观之治鼎盛时期，长安路不拾遗，夜不闭户，四方来朝，李世民被各国尊称为“天可汗”。唐朝的政治、经济、文化都是中国历朝历代的顶峰。天生的桶底配合极致的长板，构建了中国历史上最大的木桶。未来的发展，共性化的赛道基本上都会让给垄断企业，小企业只能在个性化的细分赛道竞争，每个赛道大概率只有两个活得好的，这两个活得好的往往不是面面俱到的，而是在单一方面具有碾压其他竞争对手的最长板。

机械态的木桶，首先根据图纸画一个桶，桶底是领导，往往是任命的，大概率是个外行，需要重新学起。桶边也是任命的，可能也是个外行，需要重新学起，但是桶不用外部竞争，关键是要求不要胡思乱想，而是一层一层向上服从，同时又能让周围人都说好，接受周围人的监督。所以桶不要求拼命疯长，点到为止，避免长得太快显得不完美了。桶底有时既为了让桶边长一长，也为了让桶边互相之间不要太团结把自己架空了，就每天用最长的板批评其他短板，后果就是其他短板把长板削短了，大家一起短，这样都不用太累。通俗来讲，机械态最大的风险是用人不在乎将帅的专业程度，容易导致外行领导内行。如果做领导的元帅是个外行，就相当于桶底对应这个专业方向是有漏洞的，他任用的干部，大概率也是个外行，外行本身就是短板，而且也无法刚好插到他的桶底上。因为元帅自己这一块底还没有形成，是个洞，也就是说他还没有搞懂原理，这样是装不了水的。这也是内卷化的另外一个解释，因为桶底没有1，是个洞，导致桶内装不了水，或者被短板所累，再投入资源装水，水都在短板处漏出去了，无法产生价值。中国历史上秦始皇嬴政很懂打仗，所以他任用打仗的人用得比较对，而他不太懂治理不同文化背景且曾经四分五裂刚刚统一的国家，他又沉浸在过去成功的惯性中，所以他任用法家的李斯为相来治理统一后的秦国，这点就比较外行，马上得天下继续马上治天下，统一后没有考虑以往各国的贵族如何处置，没有彻底消灭他们，却严重削减了他们的利益，导致他们反抗的意愿非常大，而虽然表面亡国了，他们在当地的号召力依然非常强大，在社会治理方面缺少统一的好的标准和做法，直接导致暴政频出，各地农民很快就揭竿而起。治国这个方向用了个短板，而且对应短板的桶底还有一个大漏洞，就是秦始皇自己对原理不够懂，决策经常是错误的。秦朝统一中国后仅过了十四年就灭亡了，就好像木桶里面的水因为短板和桶底有洞，很快就漏光了。

有一个原理叫作彼得原理，彼得原理指在各种组织中，由于习惯于对在某个等级上称职的人员进行晋升提拔，因而雇员总是趋向于被晋升到其不称职的地位。在这一章我想用木桶原理解释一下彼得原理，在后面章节还会有其他角度对彼得原理的思考。彼得原理背后的逻辑就是兵道、将道、帅道本质上的不同，士兵往往负责听命执行，以外驱力为主，比较看重做事的技巧，不属于木桶的长板和底板，一旦做了大将往往就是自驱力不足，研究不够深入，导致所负责领域长板不够长，而大将往往是单一方面大长坂，如果做底板，往往就会在他不擅长的地方因为对本质把握不住，导致识人用人和战略错误，产生底部漏洞。将和帅的角色定位都涉及对事物本质的深刻认知，普通人往往只能看到表象，只有牛人才能识别牛人，这时候应该减少所谓的民主投票，而是增加业内有深刻认知的专家评议。打破彼得原理，就需要生物态管理，根据天赋设定职位提供资源进行培养，而不是一直晋升，直到权力越大，破坏力越强，却越难以胜任。如何判断一个人是否有天赋，就看给他很少的正反馈，甚至不给正反馈的时候，他是否还在拼命地朝着一个方向生长，是否还在主动做自我颠覆。优秀人才往往都是找到的，不是培养的。

以世界第一运动足球为例，日耳曼民族是一个强调秩序、服从与严谨的民族，所以德国足球队在以机械态战术作为主流战术的时代，取得了不错的成绩，尤其是在 2014 年世界杯夺得了冠军。但是随着生物态战术为主流战术的时代来临，强调共享目标、个人才华与协同共生的时代，德国这种强调人人都是螺丝钉但却缺少智慧与主观能动性的机器就很快不吃香了，教练还是那个教练，队员不管年轻还是年长，不管有多么天才的想法，都要服从那一个教练，教练就成了球队的天花板。德国队的战术很快就被世界各个国家队研究透了。2018 年世界杯决赛圈小组赛，德国队 1 胜 2 负，甚至 0 比 2 负于韩国。在 2021 年举办的 2020 年欧洲杯上，德国队 0 比 2 负于英格兰，没有进入八强。而 2018 世界杯冠军是法国队，2020 年欧洲杯冠军是意大利队，这两个国家都是世界著名的艺术之国，其文化倾向于创意而不是服从，因此他们的国家队管理都是典型的生物态，其球员的个人才华就能在相对宽松的体制下得以尽情施展。随着 95 后、00 后球员渐渐作为主角登上了历史舞台，以人为物的足球时代悄然落幕，而以人为人的足球时代已经来临。

九、如何让客观规律为我所用？

（一）将规律规则化——让外行也能合乎规律

客观规律由于不能为普罗大众普遍掌握，只能为少数研究学者所掌握，所以在客观规律之前，有智慧的法学家立了一个东西叫作“规则”，普通人只要守住规则，也就顺应了客观规律。比如“商鞅变法”的商鞅，再如银行业常见地对信用风险、操作风险和市场风险的识别和控制，都需要先掌握并且利用其规律。规律很多时候见仁见智，每个人的理解都是不同的，都是依靠自己脑海中的解释和案例来理解。但是大的风险不能仅凭感觉来防范，如果意见和看法不同，还要一起合作，就会因理解不同没法协同而防不住。因此，需要共同的都能看懂的标准来协同，这就诞生了规则，有了法律。遵循规则的工作称为“合规”，一个企业真正能够永久不死，还要持续发展做大做强，依靠的其实是规则持续符合客观规律，并且企业上下都能遵从这个规则，从这个角度去看，合规就是企业的生命线。管理不讲恒久的原则，而是讲权变，何为权变？如果规则不能符合当下内外部的真相、适用的真理以及将二者结合后找出一条出路，或者这三者中有一者不符合，规则就必须换，规则不应该被崇拜，被崇拜的应该是客观规律，规则的唯一目的就是保证组织现在能活，未来还能长久地活。好的规则应该留有破格的口子，在规则不符合规律时，不能一成不变，应该回到初心，深入思考，创造条件，使之符合规律。这时候破格的解释权，只有交给深刻吃透客观规律的专家，才能保证组织最终能沿着规律活下去。这就是规则的活的灵魂——实事求是。规则不符合规律的时候要主动修改规则，符合规律。从进化论看来，不符合客观规律的动物已经都灭绝了，而改革开放四十年我们也见证了无数不符合客观规律的企业，即使是百年老字号，也都倒闭了。任正非说过，活下去是华为的最高纲领，也是最低纲领。

我曾经去过黄河壶口瀑布，因为瀑布曾经淹死过好多去观景的人，所以就在它前面立起了一个铁锁链，这个铁锁链就是规则，它让不知道壶口瀑布凶险的普通人既观赏了瀑布，又让自身安全得到了保障。孔子与老子相比，他的伟大之处就在于设计了一整套规则，让整个国家的大部分人在几乎不明白道的前提下，依然可以满足道的要求，不被道所惩罚，这就是为什么中国历朝历代都喜欢遵循儒家文化并将其作为治国的基本国策。孔子虽然已经去世了两千多年，但是他设计的这套规则体系，依然在帮助很多组织和个人不断地成长和成功，推动着天道在人间的不断实践，所以孔子的确称得上是中国的“至圣先师”。

由于人天生是渴望突破规则拥有绝对自由的，因此就有了潜规则。潜规则运行带来的表象就是《道德经》讲的“人之道，损不足以奉有余”。从表面上看，潜规则更有效率，更好用，但由于潜规则是背道而驰的，当一个组织潜规则严重大于规则的时候，也就是组织内的大多数有权力的人都德不配位时，组织就会崩溃，就会改朝换代。有一本书叫作《罗织经》，里面写的都是潜规则，也就是所谓的阴谋。当组织内的领导干部绝大多数都照着做的时候，组织就会灭亡。清朝末年，慈禧重用四大名臣，开展“洋务运动”，正是这些掌握客观规律的良臣让清政府从“第一次鸦片战争”开始多存在了71年，直到其彻底无道，被“辛亥革命”推翻。也就是说很多大型传统企业有很多关系户很正常，只要在关键领域、关键环节重用掌握客观规律的人，依然可以续命，直到潜规则彻底替代规则，最终组织灭亡。很多积重难返的大型企业，正在走的就是这条路。也有些大型企业领导缺乏敬畏之心，把外行的关系户放到关键岗位上，就会对企业发展构成隐患。生产力一直在大踏步向前，过去的生产关系注定无法适应新的生产力发展，所以不断变革生产关系是满足客观规律的必由之路，不断变革生产关系的过程被我们国家称为改革开放。

企业其实是一个复杂体系，复杂体系就是指输入端发生一点小的变化，输出端就会产生非常大的变动。单个的蚂蚁毫无智慧，但是一群蚂蚁就会群智涌现，“逢山开路，遇水搭桥”，打开蚁穴，里面甚至干湿分离，有各种独立功能的房间，一群蚂蚁的智慧来自哪里呢？来自他们的合作机制，也就是内部控制体系。一群蚂蚁可以打败世界上最强大的敌人。但是一群最有智慧的人类如果没有科学合理的合作规则，其展示出来的协作智慧会远远不如一群蚂蚁。多数企业最终都死于内耗，原因就在于不把内部控制当回事，他们迷信“风口”。

将一个企业所有规则打包，称为内部控制体系。以华为为例，华为通过向最先进的咨询公司学习管理经验，不断设计最适应客观规律的规则，从任正非开始从上到下一直坚持遵从规则，才保证了华为从小到大，从弱到强，始终保持强盛，而且一直延续到现在。

（二）如何设计最高级的规则？

规则的设计是一门大学问，对企业来讲，最好的管理其实是《道德经》中讲的“无为而治”，无为而治不是彻底无为，而是“道法自然”，也就是规则先要符合客观规律，然后内部控制体系要确保设计有效执行，自然组织就进化。市场经济非常接近于人类生活的大自然，可以被称为“小自然”，组织内部通过机制、体制设计，变成微自然，这样组织内部与市场相连接，就可以由市场不断引导组织进化，这样的组织也被称为自组织。自组织的特征是，共享目标及合作规则，依靠组织成员的生命力和智慧，通过不断迭代靠近目标。因为内外部环境的剧烈变化，组织只知道目标和几条原则，根本不知道正确的路在哪里，即便如此仍然要达成目标。机制设计学的核心就是，组织内部利益相关方本身就有自驱力，他们之间在自驱力的推动下互相博弈，只要博弈均衡点与组织的战略保持在一条线上，组织者只要推动一下，组织就可以运转起来。宇宙就是预先设计了规律，然后第一推动力一推，就自行运转到了现在的样子。自然界内部各种群之间优胜劣汰，抽象出来也是这样博弈的。国内机制设计学做得最成功的是北京大学汇丰商学院副教授戴天宇，他提出“企业拿固定，员工拿剩余，企业变成平台，员工成为主角”“利益相关方基于自己的利益来监督”的管理思路非常适合对年轻人的管理，他的自运行机制设计思路已经非常成熟，所著的《从“如何管”到“如何不管”：企业自运行机制设计》值得每一个公司高管认真研究。

人们做艰难的事情，往往是基于利益或者道义，利益主要是来源于地位和权力。马斯洛需求层次理论表明，当尊重需求被充分满足，下一个需求就是自我价值实现，基于道义就是基于自我价值实现。如果一个组织内部排队排到个人，后果就是只有利益没有道义，因为这样的组织内没有一个人的尊重需求被充分满足，导致每一个人都主动去爬到更高的地位以获得更多尊重，没有人在乎组织死活。没有道义的后果就是内部矛盾极其尖锐，互相之间不合作，不想给其他人抬轿。

中日“甲午战争”时，负责清朝财务的翁同龢甚至克扣北洋水师军费，为什么？私仇是一个方面。但是如果北洋水师如果打赢了，李鸿章的地位就高过翁同龢了。国家可以打败仗，但是竞争对手不能获胜，对手获胜我就没尊严没地位了，这就是封建社会的内部矛盾导致的直接后果，就因为地位决定权力，权力是绝对权力。所以，排序到个人的组织，如果人人只顾自己的个人利益，组织最终一定会走向消亡。

十、人的生命力来自哪里？

（一）马斯洛需求层次理论的深度理解

1943年，人本主义心理学家马斯洛提出了著名的“马斯洛需求层次理论”。他将人类的需求分为五个层次，从下到上依次为生理需求、安全需求、归属和爱的需求、尊重需求、自我价值实现需求。其中，生理需求指低级需求，包括食物、水分、空气、睡眠、性的需求等，是人的需求中最重要、最底层的需求。安全需求主要指肉体的安全，指稳定、安全、受到保护、有秩序、能免除恐惧和焦虑等。归属和爱的需求又名社交需求，一个人要求与其他人建立稳定的感情联系或关系，满足社交需求。尊重需求指自尊和希望受到别人的尊重。自我价值实现需求又被拆分为自主需求（个性需求）与胜任需求，其中自主需求指自己做自己想做的事情，胜任需求指把事情做成。后来马斯洛又增加了认知、审美与超越需求，但是旧版本五层次模型比较经典，本章就以五层次模型来深入剖析。

人性有两个欲望，一个是肉体之欲，一个是灵魂之欲。叔本华认为的生命就是一团欲望，就是指这两个欲望。肉体之欲是指人的肉体就是一个哺乳动物，肉体的欲望与一个黑猩猩的肉体欲望相似，对应马斯洛需求层次理论的生理、安全感、社交、尊重需求，人的恐惧感、痛点来自这四层需求的未被充分满足。灵魂之欲指自我价值实现需求，位于马斯洛需求层次理论的第五层。到了这个层面的人表现出的特征是无所畏惧。自我价值实现本意就是做想做的事情，还能把事情做成，把这个需求无限地放大，就获得了无上的地位及绝对的权力，就成了主宰宇宙万物生死的神，这又被称为“原罪”。为什么人想主宰一切成了坏事呢？因为还有一种更决定性的力量叫客观规律，那才是宇宙的决定性力量。人是神，客观规律也是神，二者能不打架吗？从历史上来看，违背客观规律的生物都已经灭绝了，违背客观规律的人就会受到规律的惩罚。为了控制这个所谓的“原罪”，上天给人安了一个控制器——灵魂之心，又名良知。在良知控制下的自我价值实现，就像天使，反之就像魔鬼。也就是说马斯洛需求层次理论的后四层肉体之欲对应人性的恐惧，第五层灵魂之欲对应人性的贪婪，合起来就是人性的贪婪与恐惧。

我们常说的人类应该追求自由、平等、博爱分别对应马斯洛需求层次理论的第五层中的自主需求、第四层尊重需求以及第五层中的胜任需求。自我价值实现在实现的过程中满足的是价值感，在实现后，当外界对实现的价值产生很好的正面反馈时，内心会产生一种感觉叫作成就感。自主需求也就是所谓的上帝给人的礼物，人在任何时候都有自主选择的权力，比如在犹太人被纳粹枪杀的时候，依旧可以微笑着对开枪的纳粹士兵说，“我宽恕你，孩子，因为你不知道你在做什么。”电影《肖申克的救赎》体现的就是人类区别于动物的来自灵魂的自我价值实现。

孩子没有生存的能力，但是孩子的自我价值实现的欲望很强，他对语言、走路、吃饭等的掌握都是来自他内在生命力带来的自我价值实现，他不断跌倒又站起来，成功爬过100个坑学会了这些技能。但是如果父母过度扼杀他的自主需求，不让他做选择，他的生命力就会催促他采取极端形式去做自我选择，他可能会自杀。就目前研究得知，儿童自杀多半来自自主需求被扼杀。没有哪个孩子天生就听话，听话会扼杀生命力，导致听话的孩子更像一个工具人。

尊重需求是一个人从奴隶到自由人的分界线。每一个人为自己生而为人的尊严而战，就是布尔什维克的胜利，就是庶民胜利的核心所在，就是《义勇军进行曲》中唱的“起来，不愿做奴隶的人们，把我们的血肉筑成我们新的长城”。在任何一个社会中，这种力量都是最强大的。《你好，李焕英》票房破了50亿，因为她描述的是每一个人的母亲，人们心中崇拜的英雄已经渐渐由一个个完美的符号变成了爱自己的身边人，变成了自己。

英雄，往往是聪明且勇敢，但是还有一个约束条件，就是良知。而罪犯，不光聪明且勇敢，还有一个促成条件，就是无良。常见的两种危险人格，一个是无良症，另外一个就是受虐后不反抗的受虐型人格。据《当良知沉睡》一书描述，据心理学研究表明，世界上约有7%的人是无良症患者，也就是这部分人大脑中的情感区域永远处在沉睡的状态，别人看到令人感动的场景禁不住热泪盈眶，而这部分人被刺激的却是逻辑思维区域，因为没有情感，所以这部分人极其聪明而且擅长利用他人的情感控制他人。无良症绝大多数是天生的，也有一部分是后天转型的，转型的主要诱因就是不断受虐导致情感总处于负面，大脑为了保护自己直接进化，将情感脑关闭了，这样人就变成了没有良知的只会解决问题的机器。对付无良的天才，最终的结果只能通过法律手段，或者识别出来进行物理隔离。心理学目前已经发明出了专门的心理测试，可以大概率测试出无良症患者的心理。对于受虐后不反抗的人格，也就是人们常说的老实人，由于内心的积怨太多，很容易在一个时点集中爆发，收不住。他也可能会把对其他人的仇恨转向一个并没有伤害他很多的人。有一种思维叫作“侵入性思维”，也就是指人一下子受了太多气，无处发泄，脑海中还反复反刍重现这个画面，忍受不了，就会产生很多诸如想要从楼上跳下去的念头。平时忍气吞声，加上突如其来的“侵入性思维”，自杀的原因，往往来自于此。心理中瞬间充满的负能量不可控的集中爆发出来，不是严重的伤害他人就是伤害自己。社会上有很多安全发泄的渠道，比如打打沙袋，或者主动与朋友小酌几杯。没有缺点的人不可交，在法律允许的范围内，远离道德绑架，在安全的不伤害他人的环境中发泄一下负能量，是保持一个人心理健康的必要条件。

从心理学角度来看，每一个人毕生的追求，就是不一样的自己被全世界看见，这就是存在感。存在感对应的就是马斯洛需求层次理论的尊重需求及自我价值实现。因为存在感就是灵魂对自己存在的感觉，灵魂藏在人的意识中，它不知道自己活着，需要来自他人的反馈，穿透意识才能感受到。灵魂和意识的关系就像计算机的 CPU 和输入输出工具的关系一样，美国 20 世纪最著名的数学家约翰·冯·诺依曼提出的“冯诺依曼机”原型就是模仿人体结构，这里我提到的灵魂指大脑皮层附近，人类的高维智慧、自我意识、意志力、记忆、理智的来源，属于脑科学范畴。所以，存在感等同于优越感及自我价值实现。如果一个人长期感受不到别人对自己存在的反馈，他就会觉得自己的精神已经死了。肯定一个人的同时，又给出对方渴望的理由，对方在精神上的生命力就会变得旺盛，人也会变得更加自信。而否定一个人，就是在精神上对其伤害，让他不断否定和怀疑自己的自我价值，相当于虐杀。羞辱式管理（PUA）其实就是虐杀式管理，在这种管理体制下，员工只有执行力没有创新力和探索精神。所以如果不得不批评一个人，批评过后依然要用爱去抚慰。对一个人的精神而言，批评所带来的伤害需要有很多次的肯定才能弥补。有一部分高智商的人作案，就是因为周围人基于自身利益或者自身狭隘的见识不断否定他个性化的存在，他要拯救自己的灵魂才会过度刷存在感。

我们平时所说的人类至高的价值——爱，从行为上来看，就是先满足被爱者的肉体需求，让他变成一个更好的人，然后再帮他找到有需要的人，搭建一个平台，帮助他实现自我价值之后，他再去满足更多人的需求，来满足他自己的精神需求。这样爱就在传递，人人为我，我为人人。从感受爱的角度看，当一个人真正感受到被爱的时候，体内会产生催产素，让人体会到真正的满足。催产素还有一个大的作用是可以融化皮质醇，治疗抑郁症。因为人在长期慢性压力下，体内会产生大量的皮质醇，皮质醇会堵塞血管，阻碍快乐激素的产生，让人感受不到自己与他人的连接，进而变成抑郁症。这种情况下，人会觉得自己像在金鱼缸中的金鱼，不管快乐与否都只是自己一个人的事情，与他人无关。从施爱者的角度去看，爱是一种自我价值实现，且不能在其他需求未被满足的情况下轻易去做，因为当其他需求未被满足时，自己会控制不住自己，先向对方索取这个肉体需求的满足。比如一个家长在单位被狠狠骂了，他的安全感、归属感、尊重需求均未被满足，然后他回到家去爱他的孩子，他会爱吗？一般情况下，他会先找个茬把孩子骂一顿，然后再给孩子做饭，这样孩子吃饭满足的肉体需求可能远远不如被无缘无故狠骂一顿造成的伤害大。所以爱从施与爱的一方来看，应该是一种自我价值实现，当他什么都不缺的时候，他就不会索取了。当他付出多了，他的肉体需求又产生了，他应该先去寻找其他有爱的人去满足肉体需求，然后再回家去爱孩子。

爱有一个前提，就是同理心，同理心属于自我价值实现，同理心百度的解释是“设身处地理解”“感情移入”“神入”“共感”，“共情”泛指心理换位、将心比心，也指设身处地地对他人的情绪和情感的认知性的觉知、把握与理解。主要体现在情绪自控、换位思考、倾听能力以及表达尊重等与情商相关的方面。20 世纪 20 年代，英籍美国心理学家爱德华·布雷福德·铁钦纳首度使用同理心一词，指的就是这种行为模仿。“同理心”一词源自希腊文 empatheia（神入），原来是美学理论家用以形容理解他人主观经验的能力。铁钦纳认为同理心源自身体上模仿他人的痛苦，从而引发相同的痛苦感受。同理心不是同情，因为同情没有感同身受的意思。同理心如何获得的呢？当你看到另外一个人的表情，你的脸会不自觉地模仿对方的表情，以此来回到自己内心的镜像中，尝试感受对方的感受。同理心首先需要的是平等心，即换位思考，所以它的敌人是高人一等的权力。为什么战争中会有杀戮，就是拥有绝对权力地拿着枪的人丧失了对手无寸铁的弱者的同理心。人们往往喜欢模仿领导的表情和肢体语言，这会导致同理心的抑制，甚至是丧失。为什么经济发达了，人们的人情味变淡了呢？其实背后都与人们喜欢模仿成功人士，模仿强者有关，因为贫富差距大了，弱者被人看不起。为什么现在的管理者对95后、00后的管理那么头疼呢？很大的原因是每个人的成长环境不同，无法做到换位思考，你的内心没有那一面镜子，照不出年轻人的感受。

马斯洛提出的五层需求，并不是一层彻底满足了再去满足上一层，而是只要在一刹那满足了这一层就会转向上一层，或者可以有意识地绕过一些层次主动跨越到更高层，后面讲的自卑与超越，就是主动跨越尊重需要，直接去满足自我价值实现需求。比如在传统文化中，如果你尊重一个长者，尊敬地称呼他，他立刻就有去帮助你的冲动，这就是人在满足了尊重需求后立刻导向自我价值实现需求。再比如，得了重病的父母，当他意识到自己的病痛可能会让孩子担心，所以不管多疼都不会告诉自己孩子他疼，只要他还有一丝能忍受。这就是有意识地直接跨越到自我价值实现需求去爱他的孩子。

（二）内驱力与外驱力

曾经有记者问史蒂夫·乔布斯时他喜欢和什么样的人交往，乔布斯说：“我特别喜欢和聪明人交往，因为不用考虑他们的尊严。”记者就问：“聪明人没有尊严吗？”乔布斯说：“不，聪明人更关注自己的成长，时刻保持开放的心态，而不是捍卫面子，想方设法证明‘我没错’。”乔布斯所提的聪明人，就是内驱力为主驱动的人。

企业在录用人的时候，就几乎确定进来的是聪明人，所以在阿里巴巴考核最厉害的是价值观，因为价值观即道路。每一个企业所走的每一步，就是由他的一个个符合自身的价值观来决策的。愿景决定方向，聪明人有愿景是内驱力，普通人没有愿景是外驱力。对于内驱型人才企业无法彻底掌控，只能与其同路并且合作，因为只有相同的价值主张才能够留住他们。真正能够持续跨过 100 个坑，吃透行业规律的，全部是内驱型人才。内驱的本质是使命或者热爱驱动，在于实现自己生而为人的价值，满足的是马斯洛需求层次理论的第五层，自我价值实现需求。内驱力是如何形成的？孔子曰，“学而时习之，不亦说乎！”是指学习学的时间长了，变成了习惯，这件事情就变得快乐了。也就是说人一出生的时候原始的生命力带来一种探索和尝试的动力，可以理解为内驱力的种子，但是人要成长，就要获得更多的精神上的能量，就需要周围人的肯定的反馈，而周围人习惯在当地文化和周围环境的影响下，根据他做得比同龄人更好的方面来给予肯定的反馈，所以环境带来的正向的外驱力是内驱力形成的必要条件，这就是“孟母三迁”的道理。比如学习一开始是一种尝试，但是积极的正向反馈很多，就会在潜意识中留有足够多的肯定的画面，人每天 99% 的决策都来自潜意识，也就说决策的时候与潜意识中留存的画面比对一下，如果大概率获得肯定，就会去做，这样存留的画面越来越多，就越来越不需要外界反馈来通过意识判断做还是不做，而是理所应当的就应该做，这就是兴趣爱好到痴迷阶段的内驱力，也就说通过有意识的刻意练习，主动设计了自己的潜意识，外驱力就变成了内驱力。当一个人通过内驱力将习惯变成巨大优势之后，他开始通过他的三观去思考他的优势，他开始思考生而为人的意义，他的人生之所以停留在这世界上理由何在？是要为世界做出点什么独一无二的贡献，让世界感受到因自己的存在的独特价值而变得更美好，这样内驱力就由痴迷驱动阶段上升到使命驱动阶段。外驱型驱动力主要来自马斯洛需求层次理论中对生理、安全感、归属感、尊重需求的满足。外驱力不会吃透事物本质，也没有创造力，只有执行力，而内驱力都有。从人体内产生激素的角度去看，外驱力的快乐来源主要是多巴胺的分泌，对应人的肉体之欲，动物为了生存，也有外驱力；而内驱力的动力来源更多是内啡肽，偶尔也会有多巴胺。当你沿着你的使命或者热爱前行的时候，走到很痛苦的境地，然后体内一股宁静祥和的喜悦感油然而生，这就是内啡肽。所以自驱力不是达成目标的驱动力，不是达成目标才会快乐，而是方向的驱动力，也就是沿着这个方向走，走着走着就会快乐。而当你刚好深入其中，产生一种心流（flow）的状态，好像灵魂出窍，天人合一了，这时候随着多巴胺不断地分泌，让你的肉体无比兴奋，导致你的灵魂真正地得到了解放。心流的感觉并不多见，常见的依然是内啡肽。比如喜欢跑马拉松的人，并不是来自多巴胺，而是来自感觉身体快撑不住的时候，突然产生那种来自多巴胺的宁静喜悦的感觉，以及来自血清素让大脑得到清洗的感觉。多巴胺的快乐有衰减的特征，达成同样的结果获取的多巴胺，第二次会远比第一次来得少。

20 世纪 90 年代，围棋界最厉害的是李昌镐九段，中国对标的是马晓春九段，马晓春的胜率只有 13%，因为李昌镐只喜欢下围棋，马晓春不光喜欢下围棋，还喜欢弹钢琴。真正的长期主义者都是一生只做一件事，都有强大的内驱力。互联网放大了每一个人的能力，未来会越来越是长板通杀的时代，一个细分赛道最多只有两个成功的品牌，这两个品牌往往就是一群内驱力驱动的牛人在前面疯跑。

华为在招聘的时候，倾向于招聘农村出身的名校大学生，然后给予高额的待遇，这样的人在外驱力的驱动下，有着中国最强的抗压能力。但当遇到 90 后员工时，公司可能也一筹莫展。目前，对新生代员工的管理，当下的管理理论都倾向于通过影响力，通过游戏化流程设计，升级打怪来管理。他们活在自己的群体中，群体中的他们很难被改变，单个地融合在 70 后、80 后中，才容易被改变。

组织管理中，帅才和将才都是内驱型人才，都要了解事物的发展趋势，只是帅才更宏观，更务虚，使命、愿景、价值观都是帅才的事情，将才更微观，单一领域大长板，需要有极致思维，跟踪时代潮流，眼见未来大势；

士兵多数是外驱型，粮食要给足，利益分配要公平且有诱惑力，不仅需要经常训练，会多种武器，还要给予一定精神激励，强调积极与服从。

在对员工的管理中，到底是因看见而相信还是因相信而看见呢？比如，是先把结果拿给我，我才相信你牛，还是我先相信你牛，然后才能看见你牛。从心理学角度看，先相信更有助于带来自驱力。除非这个人天生比较笨，否则靠自驱力带来一万个小时，一般都会比较牛。因看见而相信概率很低，因为你的怀疑和否定会非常伤害下属的自驱力，自驱力没有了容易唯命是从，做不出令你眼前一亮的工作。好的组织文化一定是倡导因相信而看见，上级要不断表达你对下属的信任和欣赏，不断在他做对事情的时候给予正面积极的反馈，只有不断这样的团队才能做出好的成绩。所谓不信任不是对人不信任，而是建立约束机制，防止犯原则性错误。如果感受不到信任，员工就会没有归属感，随时都有准备离开的可能。

（三）原生家庭——自卑与超越

著名心理学家卡尔·荣格有一句至理名言：“当你的潜意识没有进入到你的意识的时候，那就是你的命运。”也就是说，人主要是被潜意识来操控的，而不是意识。潜意识是水平面以下的巨大冰山，意识是浮于水平面之上的冰山一角。潜意识里面存放的主要是人曾经经历过的一些画面和图像，当做决策的时候，会习惯性地靠近这些画面或者图像。所以当这些画面或者图片刚开始有的时候，人是没有选择的，只有当里面的画面或者图片有了足够的量，人才会主动找寻类似的画面或者图片。

著名心理学家阿尔弗雷德·阿德勒也有句至理名言：“幸福的人用童年治愈一生，不幸的人用一生治愈童年。”也就是说，在一个人从婴幼儿阶段到童年的过程中，人格在逐渐形成，这时候人是没有自主选择能力的，他人尤其是家庭成员给他反馈什么，他就会觉得自己应该是什么样的。等到他的人格塑造完整了，在他的潜意识里，他就会不自主地有取舍地只选择自己觉得合适的。如果他的人格是有缺陷的，是自卑的，是觉得自己不可爱的，是觉得自己很坏的，他就会愿意用一生去选择做符合这些人设的事情，即使他后来意识到这些，也很难改变，因为改变了他会觉得不是自己，很别扭不舒服，这叫认知失调。这就是不幸的人一生都在治愈童年。而如果他从小生活在一个不缺爱的家庭，在他做对事情时不断肯定他，在他做错事的时候不断陪伴他，他就会非常自信，不惧怕来自周围环境的任何伤害和否定。自信的含义不是自己无条件相信自己能做成，而是相信自己就算失败了还是被爱的，因为如果感觉不被爱了，精神上就死了。创新与成功都是来自用学习型心态一遍又一遍不断试错，这种不断尝试的勇气就来自自己相信自己失败了但还是被爱的，内心的能量还可以支持下一次尝试。这种自信也是内驱力的动力源之一。比如今年冬奥会夺得两金一银的谷爱凌，虽然她来自单亲家庭，但是她从小不缺爱，从她的自信就可以看出。

原生家庭问题的普遍性，往往与所在区域所奉行的区域文化有很大的关系。中国封建社会是以等级森严的儒家文化为主流文化，在这样的文化下，孩子在原生家庭中很难获得塑造独立人格的平等之爱。比如，《红楼梦》中为什么贾宝玉虽然已经比较优秀了，但是他总是一心想求死？因为他的父亲就信奉《论语·学而》中的一句话——君子不重则不威。所以他对贾宝玉总是一脸严肃，以此来显示自己是庄重的君子。结果贾宝玉无论做得多好都无法获得肯定，导致他的精神生命因为被否定而耗尽了。在肉体需求未被充分满足的时代，精神需求没有那么旺盛，就好像新中国成立后一直到改革开放初期，大家都还是在为物质生活的提升而幸福。而当肉体需求已经被充分满足的条件下，年轻人的精神需求凸显，这时候原生家庭问题造成的精神上的损害，成了制约年轻人幸福的严重因素。这其实是传统文化的糟粕在很多落后区域的普遍存在造成的，也与很多无良教育培训机构为了令家长恐惧以此赚取培训费用，过度散播焦虑有关。很多信奉虎妈式教育理念的家长，用他们理解地对孩子的爱虽然造成了一时的成绩上扬，但是损害了孩子的自驱力，导致了孩子的不自信甚至自我怀疑。考试是标准化的，而社会是非标准化的，当前家长能看见地让孩子拼的标准化技能，未来大概率都会被机器所替代，被机器难以替代的，反而是孩子的那一点罕见的与众不同的个性。孩子被打压得太厉害了，他未来的赖以生存的驱动个性发展的精神力量也就被杀死了。

如果一个人从小缺爱，或者外在条件比普通人差，比如，家庭条件差、模样差、身体残疾、学习成绩差等，往往就会被周围人随意羞辱、讥讽、攻击等，他就会觉得自己天生低人一等，这时候他会产生深刻的自卑感。自卑感就是尊重需求没有得到很好地满足，自觉低人一等，而尊重需求以下的需求如何没有被充分满足，往往就不会到达尊重需求，同样会带来自卑感，比如吃不上饭穿不上衣会自卑，被人殴打、孤立也会自卑。换句话说，当一个孩子从小得不到充足的爱，马斯洛需求层次理论的下四层需求没有被很好地得到满足，当他长大后不敢去争取普通人应有的待遇，他甚至不敢活得像一个普通人那样幸福。当他可以成功的时候，他都会主动放弃，他不敢成功，因为成功让他认知失调，他觉得他是配不上成功的。有一个澳大利亚演讲家叫尼克·胡哲，他得了海豹肢症，从小没有手脚，只有一个类似小鸡腿的勉强可以称作脚的脚，但是他的原生家庭是很有爱的，他上学第一天就有十二个人嘲笑他，他就想如果再有一个人嘲笑他，他就不活了，结果他遇到了一个像天使一样的小女孩，对他说："尼克，你今天看起来还不错哦！"就这一句话拯救了他，他感受到了生命的平等，因此决定好好活下去创造价值，为了平等去爱他的朋友。

自卑感在全世界都有普遍性，虽然世界一直宣扬平等，其实等级是广泛存在的。比如中国的封建传统文化，极力宣传等级的普遍性，就是要形成人民普遍的自卑感，所谓的奴性主要就是来自自卑感，它让人民不敢追求自己生而为人应有的权力。中国的普通家庭，父母在公司被领导狠狠批评一顿，就会回去狠狠批评自己的孩子，否则憋在心里会有疾病，而且传统文化宣扬的是"下雨天打孩子，闲着也是闲着"，也就是父母可以无条件欺负孩子，孩子只能忍受，甚至很多父母与其他父母比赛欺负自己家孩子，来显示自己家教严、家风好。这种普遍存在的父母与孩子人格上的不对等造就了多数孩子天生的自卑感。

那么，如何治愈自卑感呢？著名心理学家阿尔弗雷德·阿德勒写了《自卑与超越》这本书。阿德勒认为想要消除自卑感，普通人会选择轻而易举获得的优越感，比如，大城市人就可以看不起小城市人，不断购买限量版或者奢侈品等，但是这种方式治标不治本。真正要治愈自卑感，需要将自己与社会连接，让自己的工作变得有意义，真正能够满足社会需求。也就是直接跨越尊重需求到自我价值实现需求，用成就感对抗自卑感。当真正在某一方面获得社会认可的时候，你自然就有地位了，这时候就可以获得长期稳定的尊重，以此来抵消内心深处的自卑感。比如尼克·胡哲就是找到了社会需求，他如果能活得很好很精彩，取得很多成就，就比其他人更有说服力，他后来成了著名的励志演说家，有了社会地位，很多人都因他而变得更好，自然就对冲了他的自卑感，他还很自信地娶了一个健康的日本美女为妻，要知道他的妻子在嫁给他的时候他的事业正处于低谷，并不是功成名就的时候。这个社会普遍存在的缺乏安全感也会带来自卑感，是因为安全感需求在尊重需求之下，在安全需求没有得到满足之前，就不会去追求尊重需求。

年轻人在工作中遇见的上级比较多，回到家父母也算上级，这时候有很多合得来的小伙伴非常重要。当你消耗能量面对来自上级压力的时候容易产生自卑感，而在与小伙伴的平等友爱的环境中会互相满足尊重需求，同时还会产生很多催产素带来很多能量。

在现在这个个性化消费品大发展的时代，人们购买消费品的深层次理由，往往就是填补原生家庭造成的精神上的缺陷。真正好的企业，应该致力于解决客户乃至社会深层次的痛点。

从心理学角度出发，去研究“恩将仇报”与“知恩图报”这两种心态，发现与人的自卑感有非常直接的关系。“恩将仇报”的人往往自卑感非常强，因此非常渴望优越感，当他想起他的恩人时，就会想起他曾经的不堪的遭遇，以及当时那个不被尊重的落魄失败的自己。而且中国传统文化强调知恩图报，在恩人面前既没有地位也没有对他坏的自由，人的灵魂在没有良知束缚的情况下，为了自己的地位和自由，就会驱动肉体去恩将仇报，消灭了恩人就没有人知道他曾经的落魄，他在世人面前就可以讲自己是神，是天才，是天生高人一等，永远高高在上的，是从来没有失败过的神话。而“知恩图报”的人自卑感没有那么强，这种人往往认为每个人都需要帮助，也需要帮助他人，每一个人都不是完人，所以他们愿意在落魄的时候去接受他人帮助，也愿意在自己成功的时候去回报自己的恩人，去帮助更多有需要的人，以此彰显自己不忘本，依旧是个平凡人。

《红楼梦》中的人物刘姥姥就属于典型的自卑感比较弱的穷人，她一进大观园就希望受到接济，不断巴结周瑞家的、王熙凤等人，尽管受到大家的嘲笑，她却觉得自己逗大家开心是有价值的。她接受了贾府的施舍后，将自己种的蔬菜送到贾府以报恩，不担心贾府的人看不起她。在贾府落魄之后，她散尽家财救出了巧姐，绽放了人性的光芒。而贾雨村对贾府的恩将仇报，也与他内心深处自卑缺乏安全感有直接的关系。

十一、领导力与管理能力

（一）组织必备的两种力量：领导力和管理能力

组织整体要达成目标需要依靠两种力量，一种是领导力，一种是管理能力。在企业的日常工作中，常常将这两者混为一谈。比如，我领导我的企业与我管理我的企业，在普通人看来是一个意思，而在管理内行人看来，其实，是完全不同的意思。通常企业一把手主要依靠领导力，因为，他的主要工作是定战略、搭平台和识人用人。二把手及以下管理者主要依靠管理，因为他们主要是对拥有的资源进行有效的计划、组织、领导和控制，以便达成既定的目标。而管理者的下属职员主要依靠执行力来输出合乎组织目标的工作成果。其中，领导者、管理者、执行者并不是特定的某一职，一切围绕组织的发展和目标达成，领导者也要经常做管理者和执行者的事情，执行者也可以做领导者和管理者的事情，企业管理是一门艺术而不只是一门技术，所以，不能以机械还原论的角度对企业内部的各个职位做过于刚性的限定，否则，企业就不是一个木桶，而是一个篮子，定义不到的地方没有人做，结果全是窟窿，导致人人都没有错，但是，企业却没有发展也没有利润。

有一本书叫《规模：复杂世界的简单法则》，书中提到，真正做大的企业，都是因为分形做得好。什么是分形？掰开一个菜花，菜花的部分与整体相似，就是分形。分形做得好的企业，领导者与管理者做战略决策和资源决策，即决定发展方向，用人，资源配置。执行者做业务决策，也就是华为提到的，让听得见炮火的人呼唤炮火。然而有些企业业务决策往往也由管理者去做，执行者只负责执行，导致企业中心化太明显，管理者体力跟不上，执行者积极性不高，严重阻碍业务规模的扩大。

（二）领导力是把握组织使命及动员他人的能力

领导艺术的指导者，组织发展理论创始人沃伦·本尼斯曾说："领导力就像美，它难以定义，但当你看到时，你就知道。"领导力聚焦的是做人，且是做人的艺术。管理聚焦的是做事，是要刚性地达成目标。但是，做人是如何推动组织目标的达成呢？只要把组织的使命、愿景、价值观不断向员工重复，描述那种美好，营造积极的氛围，员工天生追求真善美的内驱力就会愿意追随领导者朝着这个方向去发展。

领导力驱动的是员工的自驱力。聪明人有愿景，不喜欢合作，普通人没有愿景，但喜欢合作。领导者的任务就是找到更聪明的人，让他们一起合作。领导力在领导系统中是一个根本性、战略性的范畴，是领导者凭借个人素质的综合作用，在一定条件下对特定个人或组织所产生的人格凝聚力和感召力，是保持组织成长和可持续发展的重要驱动力。

领导力从领导者角度看来是一种影响力，在下属看来是一种追随力，这种影响力的实现，需要领导者不断去营造积极向上的氛围。领导力的驱动力是尊重、信任与自我价值实现，即自驱力。由于，领导力满足的是员工的自我价值实现需求，所以领导与下属之间首先是要互相尊重，以人为人。

领导力是一种人格魅力，员工跟随领导是因为领导表现出了他想成为的样子，所以，他想变得像领导一样。因此，领导力达成事情最重要的就是以身作则，然后，下属就会复制领导的做法。

华为的企业文化是“以客户为中心，以奋斗者为本，长期艰苦奋斗”。所以，华为的规定是老板来了没车接，客户来了有奔驰，在华为客户与老板哪个重要是大是大非的问题。任正非通过自己的以身作则推动华为整个公司实践华为“以客户为中心，以奋斗者为本，长期坚持艰苦奋斗”的价值观。所以，最终传递下去的结果就是，华为提拔的都是脑袋对着客户，屁股对着领导的，而传统企业以客户为中心往往只是一句口号，后果就是提拔的都是脑袋对着领导，屁股对着客户的。

2012 年，华为终端业务没完成组织的既定目标，部门没有绩效，负责人余承东借钱给大家发绩效，当时，很多中层干部和员工深受感动，退出自身部门去追随他。这就是华为精神，这就是余承东的领导力。

传递尊重与信任有一个很重要的方式就是善于沟通、高情商，尤其善于倾听。比如，刘邦就是非常擅长使用倾听领导力的领导艺术家，当他采纳下属的意见时，会让下属有一种自我价值实现的感觉，有存在感，就会让下属更愿意去追随他。他采纳陈平的离间计，并从仓库中拨出四万斤黄金给陈平，让他买通楚军的一些将领散布谣言离间项羽与范增的关系，他甚至不担心陈平带着黄金私自溜走或者投奔项羽，这就是领导对下属的信任。下属相信领导能够成就大事且能够明事理，领导相信下属忠诚且是个人才，办事能力也很强。诸葛亮在《出师表》中提到刘备三顾茅庐请他出山，将他拜为丞相，并对他言听计从，让他不惜投入全部身心辅佐汉室，这就是领导力的驱动力即尊重与信任。

领导者需要经常提问，引导下属主动思考解决之道，比如《史记》记载：汉高帝刘邦每遇难题便问子房："如之奈何？"这其实是高领导力的表现。顶级的领导都擅长提问，而且善于用开放式问题提问，从而引发下属的主动思考，提问的时候要避免像大人问小孩一样让下属感受到压力，而是让下属觉得领导在与下属一起寻找解决之道。领导者提问是有套路的，可以被称为管理学中的"教练"技术，最常见的"教练"模型是"GROW"模型，"GROW"模型包含 G（GoalSetting,）、R（RealityCheck）、O（Options）和 W（WayForward）四个部分，G 代表明确目标，R 代表认清现状，O 代表目前有哪些可选择的路径，W 代表你打算选择哪条路径。领导者只要定期与下属放松地聊一聊天，就可以帮助下属找回初心，并从纷扰的现实中理清头绪，积极主动地找到合适的道路达成目标。

优秀的领导者需要与下属经常沟通，给下属讲自己曾经的故事，让下属感受到你的真实，以及你是一个亲和力很强的好领导，而不是一个高高在上，需要供奉的领导。电视剧《亮剑》中的李云龙冒着被撤职的风险给秀琴、给魏和尚报仇，让下属感受到他的真实和真性情，也会使下属联想到如果自己被敌人杀害了，也会得到这种待遇，如此一来就更愿意跟着李云龙了。

传递价值观，营造氛围，可以通过演讲来实现，而好的领导者往往都很擅长演讲。从古代战争开始，大战之前都要进行战前演讲来鼓舞士气。《孙子兵法》认为“上下同欲者胜”。电视剧《亮剑》中的李云龙做战前演讲后，部队立刻就会像一捆干柴被点燃了一样。在“二战”中，敦刻尔克大撤退后，丘吉尔发表了著名的《我们将战斗到底》的演讲，凝聚了英国人民战斗到底的决心。马丁·路德·金是著名的演说家，他著名的演讲《我有一个梦想》推动了美国黑人争取民权运动的开展。

领导的知人善任，主要来自领导自身的专业功底，换句话说，外行不可能领导好内行。因为外行可能分不清下属是否衷心，也分辨不出下属有没有能力。很多外行领导拿刘邦说事，其实刘邦能够善听，就说明刘邦不是外行，他是公务员出身，能够懂里面的原理，只是提不出很巧妙的方案，但是别人提出来，他能明白其中的道理，因此，能够取舍正确，还能以此识人。如果真是外行领导，那就只是表面尊重下属，分不清哪个下属说的哪条计谋正确，大概率就会亲小人、远贤臣，就像王安石在《读孟尝君传》中所说的“夫鸡鸣狗盗之出其门，此士之所以不至也。”

领导力有一词叫作“人际容纳度”，就是一个人能够容纳什么样的人，容纳多少人，比如，刘邦就是一个人际容纳度很高的领导者，刘邦、陈平的私德较差，但是陈平很有本事，公德很好，刘邦就愿意对他委以重任，他能接受包容人性的弱点，因为他对手下人不苛刻，所以什么样的人才都喜欢跟着他，他也能够量才使用，人尽其才。而项羽私德很好，公德很差，人际容纳度也很低，对手下很苛刻。很多领导自我陶醉，只要完美下属，对下属很苛刻，以此来衬托自己的高贵，他还以为自己网罗了很多人才，其实这种人都像项羽一样，真正的人才不会跟着这种人。我们受儒家文化的熏陶，更喜欢自律的人，不喜欢自我的人，可是在管理里面这两种极致人才都是有大用的，自律的人适合当领导干部，连接他人，凝聚人心，而自我的人适合做产品经理，产品的最高境界就是让最挑剔的人看起来还不错。史蒂夫·乔布斯、埃隆·马斯克都是自我的人。

我认识一个大领导，她曾经与一个世界领先的行业龙头交流，对方派出同等级别的领导详细地为她一行人介绍了内部控制等相关原理、工作思路以及当前国内外最新的发展。对方条理清晰地讲了一个半小时干货，然后他们问了我的朋友一个比较简单的问题，她比较智慧地解答了。回去后，她非常高兴地向上级汇报说，通过那一个问题与回答就证明了本单位的先进性。可是后来不久我的朋友就被监管严厉处罚了，要知道她所在部门这个级别的领导鲜有被监管处罚的。为什么？因为她犯了比较严重的专业方面的错误，所以你承担管理责任。在交流中，对方把干货讲了一个半小时，基本覆盖了90%的知识点，而我朋友只通过一个知识点，证明自己强过对方，对方讲的其余那么多知识点，她可能都还不知道。只是利用信息不对称，以及普通人普遍认同的说服力观点，找到一个点就可以证明一大片。普通人着急做判断，又希望很快刷存在感，创造了这样一个说服或者说证明的规则，但是优秀的内行领导者，应该采纳内行评论的方式去评价内行，而不是短短几分钟找一个极端的例子去向外行证明。

（三）管理能力是通过他人来达成组织目标的能力

管理有两个常见的定义，一个是站在内部控制的角度，管理是在特定的环境下，对组织所拥有的资源进行有效的计划、组织、领导和控制，以便达成既定目标的过程。管理保证的是组织目标达成的刚性，需要用权力来进行奖惩；另外一个定义是站在团队中管理者对执行者的角度，管理是通过他人来完成工作的行为。既然谈到要通过他人来完成工作，那么他人必须服从，这样也就意味着管理的核心驱动力应该是怕，或者说是恐惧。恐惧往往对应马斯洛需求层次理论的下四层，换句话说，执行者按照管理者要求，使用管理者分配的资源完成工作后，管理者分配给执行者奖励，让他满足自己的需求，或者养家糊口。

管理中“管”的意思是管人，斯坦福说服力科技实验室主任福格提出了著名的“福格行为模型”，该模型认为人要做成事情需要有三个要素：动机、能力和触发。所以管理者要想管理好员工，首先需要管理员工的工作动机，这时候要找到员工的痛点，比如有的员工从小吃不起饭，有的员工脸皮薄害怕羞辱，有的员工从小缺爱，害怕被孤立等。也就是说管理者需要经常与下属谈心，了解下属目前的想法以及他的痛点，通过帮下属解决痛点来让员工专心工作。管理主要是利用员工的外驱力。讲到这里，管理有一点“邪恶”的味道，但是就是这点“邪恶”能够真正管住大多数人，保证组织内部大范围遵从命令。其次，需要培养员工的能力，也就是不断发现员工的优点与不足，不断通过培训以及工作，给员工拉长板补短板，培养员工独立或者配合他人完成工作的能力。再次是培养员工在合适的时候做合适的事情，且员工需要熟悉制度与流程。

管理中“理”的意思是理事，理事的意思是将事情分清条理，分成重要紧急、重要不紧急、紧急不重要、不紧急不重要多个等级，然后将事情的分配交给专业的人去做。其中，重要紧急的事情主要包括有期限的重要工作、突发的危机、重要约定会议，这类事情需要立刻去做，而且需要分配有经验的精兵强将去做，管理者需要二十四小时亲自跟进。重要不紧急的事情主要包括准备工作、预防措施、价值观的澄清、创新等，这类事情可以先制定详细的计划，然后定期部署稳步推进，管理者让下属做好计划后定期调度就可以。紧急不重要的事情具有疑惑性，这类问题可以授权可靠的下属去做。不重要不紧急的事情不需要做。

由于管理者与下属对同一概念的理解可能不同，甚至可能有较大分歧，所以管理者在安排事情的时候，需要根据做事的场景，将事情可能遇到的各种情形尽可能地与员工沟通清楚，避免员工重复去做，因为重复做会使工作效率降低。

管理学中关于工作动力源的问题，美国著名心理学家道格拉斯·麦格雷戈1960年在著作《企业中人的方面》一书中提出了著名的“X理论”和“Y理论”。X理论发展至著名管理学家泰勒的利益人的假设，是当时的主流管理学理论，这个理论认为人是天生厌恶工作的，必须用强制乃至惩罚、威胁才能让他们为达成组织目标而努力。而激励只在生理和安全层次上起作用，绝大多数人只有很少的创造力。这个理论其实就是对应的“人性本恶”假说。以此理论为依据，衍生出指令型管理模型，指令型管理者认为员工从来都不做你要求他做的事情，只做你检查的事情。但麦格雷戈提出的Y理论与此相反，Y理论认为一般人都是勤奋的，如果环境条件有利，工作如同游戏或休息一样自然；控制和惩罚不是实现组织目标的唯一方法，人们在执行任务时能够自我指导和自我控制；在正常情况下，一般人不仅会接受责任，而且会主动寻求责任；在人群中广泛存在着高度的想象力、智谋和解决组织中问题的创造性；在现代工业条件下，一般人的潜力只利用了一部分。Y理论对应的其实是“人性本善”假说。Y理论衍生出了管理中的授权支持模型。将XY理论相结合，是目前主流的管理学思路，也就是根据被管理对象的特征来选择管理方式。根据XY理论并结合员工的能力意愿模型，对于能力低、意愿高的下属以指令型管理为主，指令型管理领导担责；对于能力高、意愿低的下属以教练型管理为主，通过与下属一起商量做事，并采纳员工部分思路，通过提升员工的自主性来提升员工积极性，教练型管理领导与下属分责；对于能力高、意愿一般的员工，以支持型管理为主，支持型管理就是主要以员工的意见为主，管理者配合员工，支持型管理也是领导与下属分责；对于能力高、意愿高的员工采用授权型管理为主，授权员工在被授权的领域说了算，授权型管理是下属担责。授权型管理是现在以及未来一段时间内最合适的管理方式，甚至可能是对95后等新生代唯一适用的管理方式。

很多管理者认为管人是领导者的事情，做事才是自己的事情，他认为自己就是把事情落实，做好KPI（关键绩效指标，又称“关键业绩指标”）才是自己该做的，所以就总是做事，而没有培养人才，结果自己很累的同时，没有接班人，企业就难以为继了。三国时期最擅长做KPI的人是诸葛亮，因为他舍不得授权，总是指令式管理，所以没有培养出人才，由于他自己操心过度，年仅54岁就去世了，他去世的时候下面人还没培养起来，在魏国大举进攻的时候毫无还手之力，所以蜀国就衰败了。真正优秀的管理者会把管人放在前面，人培养好了，事情自然就做好了。人是因，事是果，不能倒因为果，竭泽而渔。如果你总是盯着做事，那人就是工具，如果你总盯着培养人，那事是工具。先进的企业都已经看到了，人才是根本，人才是目的，不管是客户还是员工。

很多企业培养员工的时候，喜欢把员工培养成多面手，喜欢用命令的方式给员工在不同的工作上压担子，又怕员工干砸了自己担责任，所以就制定了非常多的，近乎苛刻的规则，还用一群人层层监督，挑毛病，提建议。可是等到选拔领导干部的时候，就会发现，这样培养的完美员工特别在意别人的眼光，工作缺少主动性，缺乏独立思考，不敢主动找事儿做，领导推一推，自己转一转，没有一样精通，无法堪当大用。彼得·德鲁克认为管理最重要的是激发员工的善意，而善意的激发，需要感受到被信任，而苛刻的规则和无时无刻地监督，会让人感觉不到被信任，所以要培养人才、留住人才，就得给人才更多的自由，更多的授权而不是命令，用更多的自律来代替他律。对于更多可以接受的风险，可以用抽查代替监督，抽查的标准就是测试员工的善意还在不在，如果善意不在了，员工就应该离开，如果善意还在，就应该继续享受信任。

公司的管理者需要与员工建立长期合作关系，这时候就需要放大格局，不能只是计较一城一地之得失，有一本书叫作《联盟：互联网时代的人才变革》，这本书详述了公司的管理者如何与员工建立真正的合作共赢关系。比如，当员工刚入职的时候，就与他谈论他的工作规划，然后告诉他组织的目标与他的目标是一致的，大家就像一个球队一样，你帮助球队赢球，球队帮助你成为明星。如果你工作得不顺心，或者有更好的发展，你希望离职了，公司可以给你写推荐信，帮助你寻找其他工作。如果你想创业，公司可以投资你、帮助你、成就你。比如 PayPal 老板彼得·蒂尔，他投资过 Facebook、Youtube、Yelp、SpaceX、特斯拉等很多大公司，这些都是他前员工所在的公司，他用尽自己的人脉帮助这些公司成功，帮助他的前员工成功，最终自己作为幕后老板也赚得盆满钵满。这就是真正厉害的人，不信运气，只信因果。在别人大概率都要种恶因的情形下，比如员工突然离职，倒向了对手的公司，此时优秀的管理者还会继续种善因，这样不只会赢得一个人的人心，传播出去，还会赢得一大片人心，这就是人格魅力。如果一个管理者心态是开放的，那么他可以在各个时候，各个方面找到与上级、与下属、与周围人的合作点，然后积极地推动这种合作。

现代管理需要依靠标准化的体系和流程为员工赋能，以麦当劳为例，麦当劳是全球大型跨国连锁餐厅，1955年创立于美国芝加哥，如今的麦当劳遍布全球六大洲的119个国家和地区，在世界上约拥有3万间分店。麦当劳将自己的企业理念和经营方针浓缩为“QSCV”（Quality，Service，Cleanness&Value），既为人们提供品质的产品、周到的服务、清洁的就餐环境，又让人们感觉在麦当劳就餐是物有所值的。麦当劳标准化、数字化的操作管理，完善的培训体系以及合理的晋升奖励制度，是其一直不断复制管理，不断开店的三项法宝。虽然麦当劳在招聘的时候对员工要求很低，店员只要初中文化，店长只要高中文化，但是员工被培养后展示出的素质却很高，为什么？因为麦当劳的标准化几乎让员工无法犯错。比如麦当劳的薯条，放进锅里炸1分钟之后就会自己弹起来，还有声音提示店员，而其他企业炸1分钟后往往只有一个提醒机制，比如闹钟或者上墙的提示。再比如汉堡15分钟卖不掉就要扔掉，一批汉堡出来之后放到保温箱里，然后有一个绿色的条会一直走，15分钟后会变红色，还有声音提示。有一次央视曝光麦当劳的一间分店就是因为汉堡到了30分钟他们才扔，与国内餐饮企业相比，反而是变相给麦当劳做了一个广告。麦当劳牛肉饼，有40多项质量控制的检查，精确到0.1毫米，而且严格要求牛肉原料必须挑选精瘦肉，牛肉由83%的肩肉和17%的上等五花肉精制而成，脂肪含量不得超过19%，绞碎后，一律按规定做成直径为98.5毫米、厚为5.65毫米、重为47.32克的肉饼。麦当劳的面包均厚17毫米，面包中的气泡均为0.5毫米。麦当劳还有“产品质量指南”，根据知乎上一篇名为《麦当劳成功背后的一些细节》文章介绍：麦当劳各个餐厅的环境、位置、构造各不相同，但每个餐厅的产品质量指标是固定的，而且他们把这些指标写在“产品质量指南”上。“产品质量指南”的横轴写上各种食品的名称，纵轴写上每个小时及分开时段显示每5分钟内应有的食品保存量。例如，按照现在的销售量，4分钟应制作12个汉堡包。但是，按照“产品质量指南”，这12个汉堡包不能一次做好，由于每个汉堡包的制作时间是1分45秒，加上调制、清理炉面和取新肉饼的时间，10分钟可以做4次。因此，这12个汉堡包要分4次做，每次做3个，用这样的“少量多次”的原则制作，就能把最新鲜的和质量最高的汉堡包送到顾客手中。樊登在《可复制的领导力》中也重点举了上面的案例。有人戏称麦当劳是三流的员工，二流的管理者，一流的流程。这就是做到极致的麦当劳的标准化，不一定吃出惊喜，但是大概率不会让人失望，会让绝大多数人觉得值得信赖。管理就是一个不断发现极致，并不断用制度流程去批量复制极致的过程。

管理者需要给下属制定清晰明确的目标及规则，其中目标需要具备具体、可衡量、可实现三个特征，也就是满足所谓的“SMART”原则。可以使用“动词+任务+指标+目标”的公式书写，比如明天下班之前，完成给客户的两份产品设计方案，两份需要按照不同的模式撰写，一份突出高收益，把我们的好东西都用上，满足客户当下及未来一段时间的需求。另一份只满足基本需求，突出高性价比，只满足客户当下的需求。我需要用这两份报告尽可能留住客户，并让他更倾向于选择高收益的方案。而规则的设立需要确保下属感受到被公平对待，要让员工更多地做他擅长的、有成就感、有产出的事情，不要老给他补短板，然后拿他的短板跟其他人的长板比较。不能苛求每一位员工都是创意精英，对于普通员工，公平是人性的底层需求，如果感受到不公平，那他们大概率会选择离职。员工的离职原因 80% 跟直接上级有关，所以要留下员工，管理者必须具备充分的同理心，前面讲马斯洛的时候提到，权力往往是同理心最大的敌人，所以管理者需要尽量少用命令去强迫下属做事，降低自己的权力感，多回忆和分享自己曾经的伤痛，以此来拉近与员工的距离，治愈员工内心的不平衡、挫败感等。

根据被管理的事情的标准化程度，可以将管理区分为标准化管理与非标准化管理。对于标准化程度比较高的熟人熟事，可以采用 KPI 去考核，流水线作业，通过合理的监督提升做事的效率和正确率，关键是绑定责任链，层层压实责任。而对于创新以往从来没有人做成过的事情，最好用 OKR 去做绩效管理，关键是绑定利益链，不能每天就是严肃追责，而应该减少监督，增加信任，最好用抽查代替监督，抽查的目标是看创新者良知还在不在，因为只有创新者感受到足够的信任才能激发他的善意，推动他实现自我价值。就好像要走过一条以往从来没有人走过的路，可能里面藏着一百个坑，这时候如果要严考核严追责，聪明人就会用形式主义敷衍这样的官僚主义，而不聪明的人，掉进第一个坑里，本就摔得遍体鳞伤，这时候大家还会追责于他，他就在第一个坑里再也爬不起来走到第二个坑了，更何况得过一百个坑才能走出困局。这样整个企业就永远无法从困局中摆脱了。所以创新管理关键是哄着这样有探索精神的自驱力强的人把路整个走下来，再把坑标记下来，鼓励他从坑里爬出来的力量，就是他的利益。最关键的，尤其是要把利益负相关者对创新的负面影响降低到最低。比如1975年，柯达应用电子研究中心工程师史蒂芬·沙森开发出了世界上第一台数码相机。这时候如果有正常途径让公司决策层了解到这个事情，他们就应该思考数码相机的发展与哪些决策层的利益是正相关，哪些是负相关，要思考公司内部化学家们集体的利益相关性，如果把数码相机的发展放到利益正相关决策层的管理下，再与利益负相关的权威们做好物理和信息隔离，构建新的以支持者们为主的生态环境，那数码相机在其中就可能得到足够多的资源支持，甚至可能跨越传统相机的周期引领数码相机时代。一般来说过去的成功者们一旦成了权威，往往会形成团伙，一起用手中的权力来杀死新的创新，放下道义，唯独利益，防止创新颠覆自己，这是人性，不可改变也不可逆。网上流传这样一个段子：丘吉尔领导英国抗击德国法西斯获得了最终胜利，但是也付出了惨痛的代价，因此有很多人指责他领导的不完美，他就打比方说，就好像有会游泳的人看到一个不会游泳的孩子掉进水里去，然后他立刻下水把孩子救上来，这时候孩子的奶奶过来教训他，问他孩子下水的时候戴的帽子为啥没一块给捞上来一样。英国从来没有遇到过这样强大的敌人，所以战胜这样的敌人就是创新，支持、赞扬和奖励丘吉尔领导英国取得了二战的胜利就是利益链，而苛责他抵抗不完美，让英国死了很多士兵，就是责任链。生死攸关的创新，如果主持者获得不了足够的能量，可能就走不到最后，导致整个组织都会失败。丘吉尔在专家们看来，确实是一个伟大的领袖，挽救了英国。为什么有些中国有些地区创新很频繁，创新和创新连起来，甚至形成了创新产业链，当地经济也因此变得越来越活跃和发达？就是因为那里有更多的利益给到创新的人，而有些地区很难创新，总是守在过去苛刻的追求完美，经济变得越来越落后，就是因为那里挑毛病的追责文化盛行。未来不擅长做利益链的企业都难有好果子吃，无法破内卷。管理一群 Z 世代的年轻人群，责任链更让他们无法接受。

管理是为经营服务的，经营是为战略服务的，战略是为客户服务的。所以管理不是一成不变的，而是要根据不同的战略需求、不同的经营水平、不同的内外部环境和不同的团队采取不同的管理模式。管理目标的达成是衡量管理水平最重要的指标。除此之外，目标能否一直达成，是否因为这次目标的达成而导致下次目标无法达成，目标达成的时候员工是否具备持续达成目标的能力与意愿，组织能否在管理者离开后继续达成更高的目标，这些都是衡量管理水平的重要指标。所以管理者最需要避免的，其实是教条主义和经验主义，尤其是过去取得过巨大成就的管理者，面对年轻人为主的团队往往一筹莫展，所以管理者需要有一颗不断学习和实事求时的心，才有可能带领团队赢得未来的各种挑战。

（四）通过沟通反馈拉长员工长板补齐员工短板

如何通过反馈塑造员工长板？樊登在他的金牌课程《可复制的领导力》中提到了二级反馈的概念，当下属把事情做对的时候，他认为应该给下属二级反馈。他把反馈分为三种，第一种叫作零级反馈，也就是不反馈；第二种叫做一级反馈，也就是只给一句夸赞；第三种叫作二级反馈，也就是管理者帮助下属把造成好结果的有因果关系的因找到，在因上肯定下属。接下来下属为了凸显自己的存在感，以及获得管理者更多的肯定，就会拼命去种这个因，当外在条件再次具备的时候，就会再次产生好结果，这样会很好地塑造员工的内驱力。

比如员工小张负责出一个方案，通过先学习原理，研究案例，再研究客户的偏好，随后研究竞争对手以往的方案和竞争策略，最终给出了有差异化优势且有竞争力的方案，这时候最差的管理者在表扬小张的时候会说："小张的方案出得不错，很完美。"一般的管理者会说："小张出的方案不错，很用心。"水平再高一点管理者会说："小张的方案不错，给出了我们公司的差异化竞争优势。"会二级反馈的管理者会说："小张的方案不错，给出了我们公司的差异化优势，我了解到你在做方案的时候研究了原理，客户的偏好和竞争对手，说明你是一个有探索精神的学习型员工，我欣赏你的这种精神。”员工在听了管理者的反馈后，就会把探索学习的精神发挥出来，因为管理者欣赏的是探索精神，而不是那个好的结果。所以他就会不断地主动迎接新挑战，来展示探索精神，以获得管理者更多的认可与肯定，领导的认可与肯定就是员工的存在感，也是他精神力的来源。这样就形成了员工持续努力满足管理者期望，同时不断达成组织目标的良性循环。而最差的管理者一旦表扬方案完美，那这个方案很可能就成了小张的天花板，他今后也可能不敢做更有挑战的工作，因为他害怕结果不完美，被管理者批评。中间两个水平的管理者只给了一级反馈，而做事用心本身是一个见仁见智的词汇，下属与管理者对用心的理解可能不一样。关于给出差异化优势的结果，可能以后有的方案不需要给出这样的结果，小张也会做成这样，因为他理解的是领导喜欢这样的结果，而不是事情需要这样的结果。

为什么要不断用价值观进行反馈？这里有一个案例。纳粹德国在二战期间屠杀了将近 600 万犹太人，这些犹太人中很多都向德国人求助过，有的人帮助了他们，其中最著名的是拯救了 1100 名犹太人的辛德勒。也有很多普通的德国人，力所能及的将求救的犹太人藏在自己家的地窖里或者下水道，帮助他们活了下来。但是也有的德国人拒绝救助。后来心理学家研究这些德国人的心理差异，发现其中救助犹太人的德国人，他们在回忆自己童年家里的教育时，父母总是在传递价值观，教育他们要勇于帮助别人，不要轻易伤害或者拒绝别人。而那些拒绝施救的德国人，在他们的原生家庭里面，父母总是教育他们要守规矩，不能做任何违背规矩的事情。长大后，他们就变成了没有价值观的，守规矩的工具人。

如何通过反馈帮助员工避免缺点？樊登在他的金牌课程《可复制的领导力》中提到了 BIC 负面反馈模型，其中 B 指 behaviour，也就是行为；I 指 impact，也就是影响；C 指 consequences，也就是后果。背后原理合起来就是你的行为会产生什么样的影响，导致什么样的后果（Behaviour has impact which leads to consequences）。当员工做错事情的时候，首先要就事论事，告诉他一个事实，再告诉他这个事实会带来的短期影响，然后，给出这个事实可能影响员工自身且他不能接受的后果。最后一定要与他一起找到原因，让他有底气去克服困难。比如员工小李家境贫寒，很孝顺，但是最近经常出现低级错误，这时候就可以给他反馈说："小李，你这周的材料出了几次低级错误，这样下去会影响别人对你的看法，如果大家对你的看法不好，你可能会无法升职加薪，同时也可能没法更好地给父母养老。"反馈一定要一口气说出，避免他反驳或者解释。最后再接一句："是什么原因导致的呢？有什么我可以帮你的吗？"这时候与他一起找到深层次原因，再制定可行的计划。负面反馈一定要慎重，要给员工很多次正面反馈后，才能有一次负面反馈，否则员工的内心会比较难以承受。

十二、通过先进的组织架构为组织全体员工赋能

（一）打破"深井病"，建立小团队组成的大团队

美国斯坦利·麦克里斯特尔是前驻阿富汗美军和北约国际安全援助部队最高指挥官。他曾多次参与伊拉克和阿富汗战场的特种作战，其麾下部队曾经活捉萨达姆，并协助推翻塔利班政权。2006 年对基地组织伊拉克分支实施空袭，打死其头目。他还认真总结了对战伊拉克和阿富汗的不同，在与萨达姆交战的时候，美国非常得心应手，因为萨达姆的伊拉克政府军与美国军队很相似，都是明显的机械态，就像一个机器一样，所以美国很快结束了战争。后来基地组织头目扎卡维在伊拉克建立了基地组织，这个组织与伊拉克政府军的行为完全不一样，他们是生物态的、去中心化分布式的基地组织，且互相之间共享目标和原则，没有一个统一的中心领导，导致采用传统模式的美军被打得措手不及，直到美军也采用同样的模式，形势才有了好转。斯坦利·麦克里斯特尔退役后将此类先进的组织模式带到商业中，尤其，在应对当下这个错综复杂的 VUCA 时代（VUCA 是 Volatility 易变性、Uncertainty 不确定性、Complexity 复杂性、Ambiguity 模糊性的缩写），成了一种较为先进且有效的一种组织管理模式。

在斯坦利·麦克里斯特尔等人合著的《赋能：打造应对不确定性的敏

捷团队》一书中曾写到一个案例：2000 年 1 月，中情局和联邦调查局召开联席会议，专门探讨一个叫作哈立德·米德哈尔的人，开会的时候中情局一名分析师知道他与一些恐怖分子嫌疑人有联系，但是作为一名中情局的分析师，当联邦调查局就中情局所获得的信息发问时，他无权回答，因为他资格不够。另外，一名联邦调查局特工希望去追踪哈立德·米德哈尔，但被告知不能，原因是他是一个犯罪特工，而不是一个情报特工。第二年的 9 月，哈立德·米德哈尔驾驶着美国航空公司 77 号航班，撞进了五角大楼。也就是说，“9·11 事件”其实是可以避免的，但是，由于中情局和联邦调查局官僚主义的恪守职责而没有避免。

美国在约翰·肯尼迪时期成功开展了“登月计划”，这个计划一开始失败了好多次，主要原因就是共享信息非常不够，得到足够信息的不会，而信息又无法及时分配到会的人手中，因为大家内部在互相竞争，都不希望对手比自己更强。为解决这一问题项目请来了著名的咨询顾问，咨询顾问建立了一套非常发达的通信系统，任何一个部门的人只要戴上耳机，就可以听到其他部门的人正在做什么，这套系统保证了信息最大化的共享，并成功推动登月计划的成功。现在各大企业都在开展数字化改革，其中有一个很重要的目的，就是最大化共享信息，尤其是让内行获得足够多的信息。从本质上来讲，管理就是保证手握真理的人获得真相，然后再经由大脑思考，找到解决方案，这个原理在前面讲脑科学的时候深入讲过。

传统组织结构图如图 12-1 所示，像一个精密的机器一样，层层向上服从，且每个部门的总经理都在向上争取资源，夺得上级领导的注意力和认可，这时候部门之间的竞争关系大于合作关系。很多时候信息就是武器，当一个部门获得信息，并提供给另外一个部门，那么另外一个部门就可能会获得更好的成绩，这时上级领导也可能会觉得其他部门不如这个出了好成绩的部门，所以部门领导为了自己部门的利益，也不愿意主动共享信息，除非以此能够获得上级领导的认可。因此，这时候信息就在各个部门内部被隔离，就像一个个深井一样。斯坦利·麦克里斯特尔将这种官僚病形象地定义为“深井病”，在这种组织结构中，每个员工的上级领导就是他的“上帝”，就算员工再优秀，如果向上管理得不够，那么就无法获得领导的认可，以及无法升职加薪。

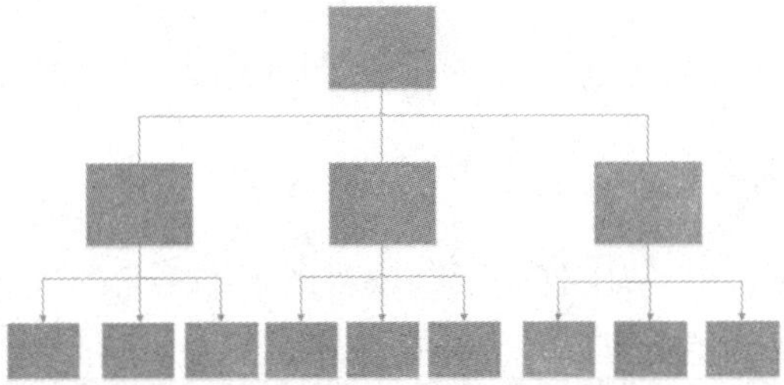

图12–1　传统组织结构图（深井）

图 12–2 灵活的深井是目前绝大多数正在尝试改革的传统企业的组织结构，通过这个图可以看出，组织内部已经有了比较好的信息共享，但是部门与部门之间还是一个又一个筒仓，部门领导依然是部门信息对组织整体产生价值的天花板。换句话说，部门之间依然是竞争关系，管理模式也没有发生根本性改变，所以组织对外输出的结果也不会有根本性好转。

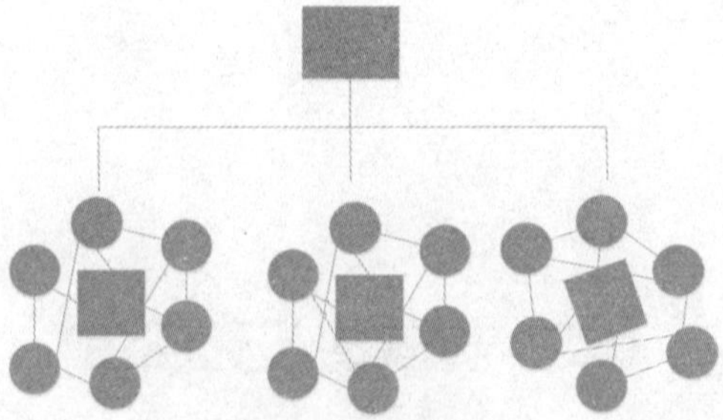

图12-2　灵活的深井

图 12–3 是《赋能：打造应对不确定性的敏捷团队》一书的作者之一斯坦利·麦克里斯特尔所设计的终极的组织形态（如图 12–3），小团队一起组成一个大团队，就像蚂蚁一样，仅仅通过共享同一个目标——生存，内部通过信息素共享信息，然后进行不断迭代，不断进化就能实现群智涌现。这种组织形态也被字节跳动的张一鸣所认同，他通过 OKR、飞书等工具，成功将组织打造成小团队组成的大团队，最终使字节跳动的管理特征实现群智涌现。

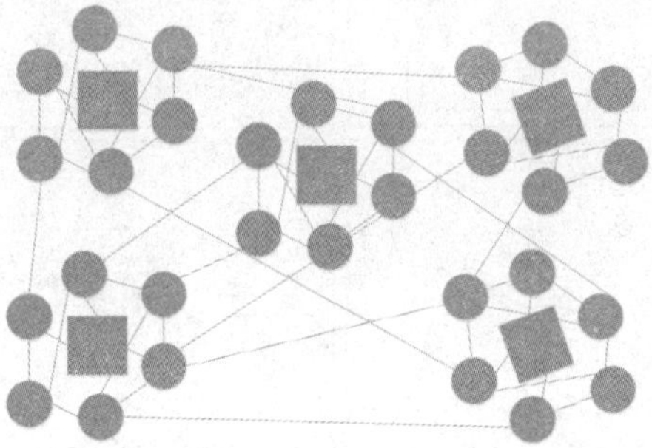

图12-3　小团队组成的大团队——蚁群

在《赋能：打造应对不确定性的敏捷团队》一书中作者还建议推动信息共享，增加部门之间的轮岗，通过共享意识来建立团队，领导要做园丁式领导，不断维护好共享信息和目标的氛围。

（二）微软的起死回生

互联网上流传的各大公司组织结构图，如图12–4所示，可以看出这个结构图与他们的战略和命运息息相关，比如微软就是典型的官僚化的深井，中国国内很多企业都是类似的架构。内斗大于外斗的深井结构曾经导致微软出现了失落的十年，长期担任微软高管的蒂姆·奥布莱恩曾把这种公司文化比作“狗咬狗”。

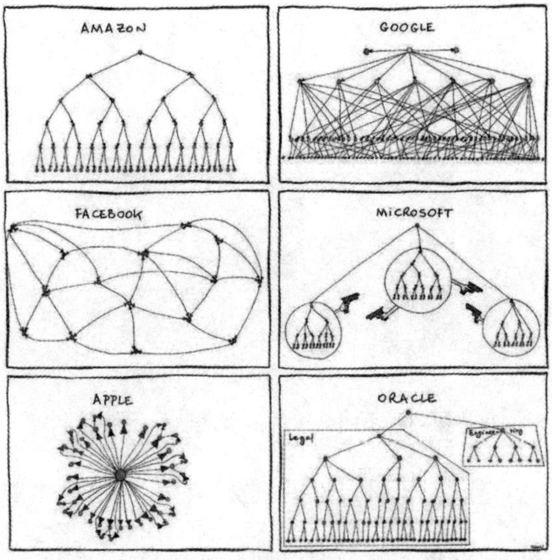

图12–4　互联网上流传的各大公司组织结构图

互联网上流传着微软涅槃重生的案例解读，这个经典案例的主要内容如下：美国生活杂志《名利场》曾经于 2012 年 8 月发表文章，对微软失落的十年进行了深度解读，认为微软曾经多次错过好的发展机遇，其背后根本原因在于公司内部官僚主义盛行和制度设计存在重大缺陷。两次获得乔治·波尔克新闻奖的库尔特·艾欣沃尔德在研究了微软一系列的决策后认为，微软的案例完全可以成为商学院典型案例，专门用于揭示“成功陷阱”。他研究了微软内部名为“员工排序”的管理系统，发现在这个系统中每个部门都要将特定比例的员工按照卓越、优秀、普通和糟糕四大类别进行归类，就是这个系统最大化限制了微软的创新能力。艾欣沃尔德写道，“我采访的每一位微软现任和前任员工都认为，‘员工排序’是微软内部最消极的制度——所有人都这么认为。这已经导致不计其数的员工离职。”一位微软前软件工程师说：“如果你供职于一个 10 人团队，却在就职第一天发现，无论大家表现多么优异，总有 2 个人会得到好评，7 个人得到中评，1 个人得到差评，大家势必会把精力放在内斗上，而不会全身心地投入外部竞争。”1999 年底，微软市值创下 6000 亿美元的峰值，之后就一路走低，直至 2013 年时市值已经跌了一大半，只剩 2200 亿美元。

2014 年 2 月微软新任主席萨提亚·纳德拉走马上任，他深度学习了 IBM 风云 CEO 郭士纳的变革思路，在绩效考核管理上，取消了排名与评分体系，考核重点调整为员工自己完成了什么，员工帮助他人完成了什么，以及员工自己的成就中有多少是基于他人的帮助这三大因素。大幅度提升了组织内部的协同力。在人力资源管理上，提出了 1.8 万人的裁员计划，其中的 1.25 万人就来自于诺基亚产品与服务部门。在业务转型上，一是重新定位 Windows 对微软的意义，将其由核心增长引擎转向一种服务工具，帮助微软触达更多客户，也就是让 Windows 从高收费逐渐走向免费，比如对智能设备，主要是智能手机上的 Windows 操作系统大幅免费，包括对 9 英寸以下手机免费。当 Windows10 版本发布时，也允许客户一定时间内可以免费升级，使得 Windows10 成为历史上普及最快的版本；二是与苹果、谷歌、Linux 等老对手由对抗转为深度合作，微软的 Outlook 等开发了支持苹果操作系统的版本，微软的云服务也全面支持 Linux 平台；三是将增长引擎设定为云计算，为此提出了“云为先”的战略，微软在认真研究客户需求与竞争对手战略之后，选择混合云（企业自有的核心、机密数据放在自有系统，确保安全，其他数据放到公有云，提升效率）模式作为切入口，与云计算龙头开展差异化竞争；四是内部理顺关系，本来云业务发展缓慢是由于云业务与 Windows 服务器及数据库等产品都在服务器与工具事业部，本来的云业务是要替代企业内部 IT 架构，而 Windows 服务器及数据库是服务企业内部 IT 架构，两种业务本质上是冲突的，再加上 Windows 服务器及数据库是当下收入的主要来源，而云业务还在研发阶段，后来推出混合云之后两者同时存在，二者的关系也就成了合作关系。

在文化转型上，纳德拉一是重新定义企业使命及愿景，将微软的企业愿景，由比尔·盖茨时代提出且当前已经实现的“让每个家庭、每张办公桌上都有一台电脑”，改为四个字“赋能他人”，为此他还多次强调要有“同理心”；其次创新公司制度，设立部门务虚会，务虚会中高管要分成若干小组分头拜访客户，推动高管们放下平时的芥蒂建立起跨部门的协作精神；最后组织一年一度的黑客马拉松，并创新业务，全球各地的微软员工都可以各自组队，在规定时间创作他们感兴趣的黑客项目，然后进行演示，以赢得同事们投票支持，很多项目都成了公司的新业务。变革后微软的组织架构图更类似灵活的深井（如图 12-2）。2022 年 3 月，微软以 8512.16 亿美元的市值重回巅峰，成为当下市值最高的民营上市公司。

十三、用授权点亮全员领导力

（一）用一整套机制最大化避免官僚主义

L. 大卫·马凯特是美国第七舰队潜艇指挥官、哥伦比亚大学资深领导力导师。他曾经在 1999 年至 2001 年指挥美国海军圣塔菲号攻击型核潜艇，不到一年时间就将原本管理混乱、士气低落、倒数第一的圣塔菲号打造成太平洋舰队中凝聚力、战斗力俱佳的舰艇。他所采用的方式并不是传统的“领导者 – 追随者”管理模式，而是打造了“领导者 – 领导者”的全新管理模式，也就是上级与下属都是领导者，在具体事情上上级甚至可以服从下属领导，因为下属掌握更多信息且能力能够胜任，这也就是华为所说的，让听得见炮火的人指挥战斗。传统的“领导者 – 追随者”模式要求领导者是一个超人，在古代一般爱读书又有足够的实践的，往往就能够做好这个超人。而现在是一个 VUCA 时代，是一个比较混沌的时代，每一个外行的错误决策都有可能带来灭顶之灾。而提升做对事的概率，需要团队中每一个人都能带领大家在他擅长的事情上做对的事情，组织把这些汇集起来就是组织整体的最优。这时候就要用一整套机制最大化避免有权力没能力的官僚主义，避免外行领导对内行下属的掌控，同时，需要帮助尽心的员工清楚地了解本职工作对组织目标达成所存在的意义以及领导对工作的要求。

根据《授权》这本书的描述，作为管理改革家，L. 大卫 · 马凯特依次主要做了以下几件事情，以帮助圣塔菲号走出困境，走向卓越：一是跟中层干部集体谈心，大家一起把事情做不好及担心权力下放的根本原因找到，大家把顾虑坦诚地讲出来；二是将士兵请假审批的权力下放给中层干部军士长，开始培养军士长主动担责的积极性；三是设计一个变革引爆点，暗示大家变革将要开始，他选择的引爆点就是设计了一个“三名原则”，即拜访者需要用拜访者的名字、船员自己的名字、潜艇的名字与拜访者打招呼，以此来提高船员的自尊水平；四是建立早期谈话制度，用简短的早期谈话帮助员工清晰地了解组织对他的工作要求；五是推行“我计划”流程，下属使用“我计划……”的语气将被动追随者转变为主动领导者，然后再通过解释打消领导对他做这件事的可行性的顾虑；六是不断克服提供解决方案的冲动，等待下属自己找到解决方案，因为一旦提供解决方案，就容易造成下属的依赖；七是以学习者的心态拥抱外部监察人员，不避讳问题，主动向检查人员不断请教以提升自己；八是建立“谨慎行事”原则，采用清单革命摆脱士兵的经验主义惯性；九是建立“虚心求教”文化，有效避免下属有权无才的情况出现，培养下属积极主动的求知欲；十是提倡不要概述，要证实原则，用事实说话；十一是当危机来临的时候，为更好地达成工作目标，可以允许下属避开流程权宜形式，因为目标大过流程；十二是不断阐明组织目标，比如“追求卓越而不仅仅是规避错误”，因为“领导者—追随者”模式的后果就是最大的领导负责提要求，其余人负责执行，执行的主要目标都是避免犯错；十三是建立信任并照顾好下属，尤其要关心下属的晋升计划；十四是将指导原则细化为决策准则，帮助下属做好决策；十五是不断用自己丰富的经历去激励下属，将激励嵌入指导原则；十六是当下属做对事情的时候即时认可，强化下属满足期望的行为；十七是着眼于长远目标，不断完善组织；十八是鼓励质疑，建立拥护质疑态度的组织文化；十九是释放优于授权原则，创造机会帮助每个人释放体内与生俱来的天赋、能量与创造力，然后再寻找每个人的亮点作为将来新的授权依据。

《授权》一书中还总结了“领导者－追随者”与“领导者－领导者”模式之间做事情的一些区别，如表13–1所示。

表13–1　两种领导力模式做事的主要区别

领导者–追随者	领导者–领导者
别这么做！	这么做！
抓紧控制权	授予控制权
下命令	避免下命令
当你下命令的时候，自信、不含糊且坚决果敢	当你下命令的时候，给予一些质疑的空间
简报	请证实
召开会议	进行谈话
一个导师–学生式的指导会议	一个导师–导师式的指导会议
关注具体技术	关注人
短期考虑	长远打算
在你离职后，希望被想念	在你离职后，不希望被想念
高重复度而低质量的训练	低重复度而高质量的训练

续表

领导者–追随者	领导者–领导者
限制交流，仅限于简洁的、扼要的和正式的指令	用丰富的、前后关联的和非官方的交流充实指令
为质疑而质疑	真正的好奇心
将无效率的流程变得有效率	清除所有无实际意义的步骤和流程
增加监督和检查点	减少监督和检查点
保护信息	传递信息

（二）使用授权管理要考虑具体的人和事

在当前的数字化时代，团队管理比拼的已经是如何最大可能地释放每个人的潜能，然后再将每个人的优势汇集起来，L. 大卫·马凯特的授权管理是最先进的团队管理模式。当然，在中国使用时还要考虑一些中国国情。

常见的团队管理课程会强调对能力和意愿俱佳的下属以授权为主开展工作，对意愿强能力弱的下属进行指导或者教练，对意愿弱能力强的下属进行激励，对意愿弱能力弱的员工用命令去开展工作。但是，传统四象限图中并没有讲如何将意愿弱能力弱的员工培养成意愿强能力强的员工。而L. 大卫·马凯特通过自己的成功案例揭示了如何将一群意愿弱能力弱的员工在不到一年的时间都培养成意愿强能力强的下属，成功点燃他们的自驱力，释放他们的潜能。而且在他卸任后的十年间，圣塔菲号依旧保持着卓越的操作水平和极高的成员晋升率。所以这个案例背后的原理值得新时代的领导者深入去探究。《华为基本法》中有一个原则是强调一个企业过去成功的哪些因素可以继承，我想对于应用“领导者 - 追随者”模式的企业领导者一般都会将过去的成功归咎于自己的领导有方，下属执行得力，而这往往来自领导者的私欲。但是站在时代潮流看，如果你的对手是“领导者 - 领导者”模式，在未来很可能你的企业竞争力会远远弱于对方。

管理学有两个大师，一个是彼得·德鲁克，他认为管理最重要的是激发员工的善意与潜能，所以他认为员工可以做好他想做好的事情。另外一个是泰勒，他认为人都是经济人，从物质利益出发。现在看来，彼得·德鲁克的理解更适用于新时代管理，因为现在越来越多年轻人不再只是为物质而工作，他们有强大的内驱力，渴望被尊重、被看见、被欣赏、被重视。

十四、KPI与OKR，标准化与非标准化的不同驱力

（一）KPI与OKR的本质与区别

2015 年埃森哲董事长 Pierre 拜访任正非的会谈纪要中有这样一段话：“把不确定性的事情，由精兵组织来应对。对确定性的事情，由平台或共享组织来支持与服务。对不确定性的考核是风险的把握；对确定性的考核是效率与效益。”内卷化的一个表现就是由于用效率与效益考核的不确定性导致的。当代企业缺少的是对不确定性中风险的探索和研究。有没有很好的方式可以推动企业去做具有不确定性的事情？2022 年 3 月 3 日，理想汽车 CEO 李想在个人微博上传了这样一句话：“说实话，如果没有这么深入地运用 OKR，真不知道今天理想汽车是否还在。”目前 OKR 工作法就是推动企业去做有不确定性的事情的最好的方法。

现在的绩效管理，常见做法就是 KPI 与 OKR，其中 KPI 往往涉及绩效考核，OKR 不涉及绩效考核。

KPI 是 Key Performance Indicator 的缩写，指的是关键绩效指标考核法。按管理主题划分，绩效管理可分为两大类，一类是激励型绩效管理，侧重于激发员工的工作积极性，比较适用于成长期的企业。另一类是管控型绩效管理，侧重于规范员工的工作行为，比较适用于成熟期的企业，也就是传统企业，容易带来内卷化。KPI 的目标是严格按照 SMART 原则来制定的，即具体的、可衡量的、可实现的、有相关性的、有时间设定的。目标达成比例原则上都是可以测量的。但是会存在一个问题，就是有些事情还没有完成从 0 到 1，没法用 KPI，可能就永远不去做了，因此关乎企业未来生存的创新不适合用 KPI 进行绩效管理。而且设立了 KPI 后，由于 KPI 跟绩效考核挂钩，做不到就会影响奖金，导致员工为了自己的 KPI 采用的手段可能会影响整体结果的输出，违背企业愿景，也就是为了短期个人利益牺牲组织长远利益，有些环节或者部门为了自身的优秀，不愿意去支持其他伙伴，因为事情做成了，可能同伴会获得更好的绩效，最终因为内耗导致组织整体无法取得好的结果。KPI 强调自上而下设立目标，给的目标容易是不合理的目标，对环境的变化考虑不足，而 KPI 一旦设置就必须达成。就结果论结果，把过程切片化，也容易导致部分环节优秀人才和资源过剩，部分环节严重不足，组织内部竞争关系严重大于合作关系。

OKR（Objectives and Key Results）即目标与关键成果法，是一套明确和跟踪目标及其完成情况的管理工具和方法，由英特尔公司创始人安迪格鲁夫发明，后来被谷歌、奈飞等世界上最先进的互联网科技公司所使用，很多国内企业也都在使用，比如字节跳动、百度、腾讯、小米、华为、招商银行、工商银行、中国移动。尤其在创新方面 OKR 起到了 KPI 起不到的重要作用，解决了 KPI 的一些问题，首先是它与绩效考核解绑，采用 360 度延迟评价来做评价，每季一次，不像绩效考核每月一次；其次它强调关键结果必须服从目标，接受大家集体监督，如果你的关键结果违背了目标，对你的 360 度评价就会有体现；最后在执行过程中有更好的关键结果可以随时对关键结果进行替换，可以有效避免为了短期的关键结果违背目标的行为。

KPI 与 OKR 的主要差异如表 14-1 所示。

表14-1　KPI与OKR的主要区别

事 项	KPI	OKR
管理方式	目标管理，控制	一定范围内的边界管理，边界内强调激活
表现形式	指标	目标+关键结果
制定方式	自上而下，上下对齐	上下结合，360度对齐
目标是否公开	保密：仅仅对相关责任者、直接上级、主管部门公开	公开：对相关者或全员公开
激励方式	外驱力，关联薪酬，“要我做的事”	内驱力，兴趣或者使命驱动，不直接关联，“我要做的事”
对应管理模型	PDCA：Plan（计划）、Do（执行）、Check（检查）、Act（处理）	PDR：Plan（计划）、Do（执行）、Review（复盘）
参与范围	指定人去做	广泛参与
适用场景	目标动态变化的场景，如产品的更新迭代	一定时期内相对静态的目标场景，如相对稳定的市场、用户、产品
是否掌握因果关系	因果关系确定	因果关系模糊
关注点	关注事情：强调过程控制	关注人：人是关键因素，寻找合适的人和追求高人才密度
对目标的拆解	将大目标拆解成过程，过程中有一个出故障就可能导致后续大目标无法达成	将大目标拆解成小目标，不管用什么方式完成小目标即推动大目标完成

续表

事 项	KPI	OKR
对人的识别	在一个位置指定人选，其他人不能竞争	未确定位置，每个人都可以发挥所长，尽情展示
适合什么样的项目管理	标准化项目，成熟项目	非标准化项目，创新项目
适用什么样的领导风格	英雄式领导	支持型领导
对应作战风格	正规军作战	特种部队作战
对人性的假设	泰勒认为的人是为了获取物质利益被动工作，工作类似利益交换	彼得·德鲁克认为的激发人的善意与潜能后，人能主动做好他想做的工作
对组织的假设	组织是一个机器	组织是一个生物
对组织目标的聚焦	对现实的把握和完成短期目标	拥抱未来，强调组织终极目标的达成
对员工全局视角的培养	员工只需要关注自己需要做的工作是否满足直接上级要求，员工只需要局部视角	员工需要从高层管理者视角看事物，以便感受自己与各层级、各部门解决问题的真正联系，员工需要全局视角

（二）如何使用OKR开展创新工作

在国内，OKR 使用最好的是字节跳动公司。字节跳动几乎整体照搬了谷歌、奈飞等的 OKR 做法。OKR 想要用好，需要好的企业文化支撑，比如字节跳动的文化有一条叫作“追求极致”，所以他的绩效目标里面有一个对应的目标，即追求困难目标，再对应 OKR 就是一定要设置很有挑战性的目标。对于OKR来讲，只有员工拼了命才能达成50%左右的目标，才算很有挑战性的目标。字节跳动的OKR强调自下而上设立目标，强调“乐于助人和求助，合作成大事……对外敏锐谦逊，EGO（自我）小，听得进意见”，它使用飞书系统来无损地传递文件及信息，每个人的OKR都可以与他人共享，每个人也都可以看到其他人的OKR，甚至张一鸣的OKR，而且每一个大目标在需要其他部门协同的时候都可以通知他们。字节跳动的文化强调坦诚清晰，企业内部开线上会议时所有的交流记录都在飞书上，实现信息共享最大化，字节跳动能够在线开会就不见面开会，来突出自己的科技信仰。另外，字节跳动的文化中“不断提高要求，延迟满足感，在更大范围里找最优解，不放过问题，思考本质……始终创业，自驱，不设边界，不怕麻烦……拥抱变化，对不确定性保持乐观……鼓励人人参与，集思广益，主动用不同的想法来挑战自己”等都是在很好地使用OKR工作法的基础上才做到的。字节跳动招聘的人才很多都是各大顶尖互联网公司中自驱力极强的人才，当他们入职后不会有人主动去提示他们要做什么，而是他自己打开飞书去看公司的OKR、部门的OKR，然后给自己建立一个OKR，建立后找部门领导去沟通，看看定的OKR是否合适，要不要改，也就是实现了字节跳动“始终创业”的文化。通过很好地使用OKR工作法，字节跳动在一个大公司实现了L. 大卫·马凯特《授权》一书中提到的“领导者－领导者”模式。而华为主要还是以KPI为主，在研发创新领域已经开始尝试使用OKR。

KPI是假设产品卖不出去，但是我做到了安排给我的最优，我就可以考核为优，OKR是假设产品卖不出去，顾客是不喜欢我做的那一点，我的评价上不去，我的考核最终由顾客来做。OKR做的产品，用户体验就好在这里。OKR 能够直接穿透到最终目标，这样中间环节做的每一件事，都能知道它的最终意义在哪里，也能让做事的小伙伴变得更加积极。

基于 KPI 与 OKR 的不同，很多企业会将 KPI 与 OKR 搭配使用，比如将纵向的部门考核使用 KPI，横向的项目考核使用 OKR。项目在华为等企业都叫作“战役”，公司的成功是靠一场场“战役”打下来的，而不是固化的部门，部门主要负责制定专业标准，培育人才，培育好的人才送入项目中去实践（见图 14–1）。

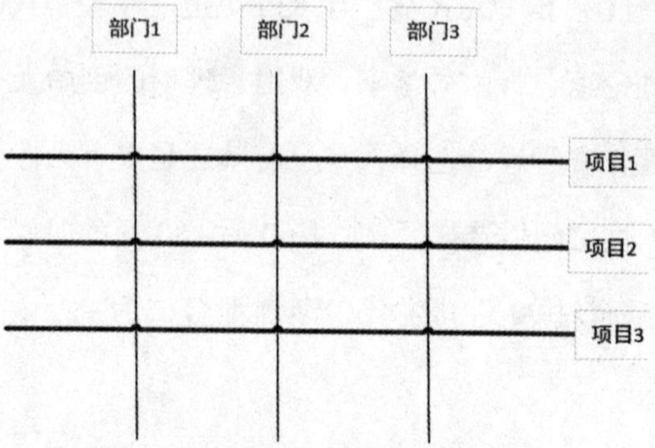

图14–1　部门与项目结构示意图

在《OKR 完全实践》一书中有这样一首打油诗描述了目前企业管理常见的现象：

战略规划总是虎头，实施落地常常蛇尾。

组织架构设计严谨，工作协调障碍重重。

领导决策非常英明，执行落实特别困难。

干部培训与时俱进，管理能力原地踏步。

老虎功高尾大不掉，白兔听话一无所能。

提高薪酬完善福利，一时振奋长期低迷。

聚餐K歌旅游运动，关系紧张言不由衷。

企业文化敲锣打鼓，挂在墙上无法扎根。

目前大部分传统企业，很多是60后、70后的老板，带着80后、90后的中层，管理着00后的员工，年轻一代的价值观、思维方式与管理层完全不同，如果不是他们想做的事情，他们甚至直接拒绝去做，所以做事情的逻辑就由领导想让谁做就让谁做变成了谁想做谁去做，工作目标与员工的兴趣点必须高度匹配，过去讲的那套领导即正义的理论在他们那里行不通了。在这种情况下，OKR显然比KPI更适应年轻一代的管理。美国心理学家、管理理论家、行为科学家、双因素理论的创始人弗雷德里克·赫茨伯格在他的著作《管理的选择：是更有效还是更有人性》中写到"管理就是在效率和人性之间做选择。"面对60后–80后的时候可能还需要平衡效率和人性，但面对90后新生代，渐渐地合二为一了，人性就是效率，效率就是人性。

如何设定一个好的OKR？首先是设定一个好的目标，这个目标应该是使命在特定时期的具体化，明确方向，鼓舞人心，且执行主体要明确。比如感恩父母这个使命，设定目标就可以是考上985名校。然后再依据好的目标设定关键结果，比如对应考上985名校的目标，就可以设定高考成绩650分为关键结果。

表14–2是某公司的季度OKR，好的公司每季度最好只设定一至两个目标，针对每个目标设置3至4个关键结果，接着给每个目标设置一个信心指数，然后每个人再根据公司及部门的OKR设置自己的OKR，如表14–3所示。

表14-2　某公司季度OKR

O		大幅提升市场占有率
KR	KR1	5大类产品外观重新设计（产品设计部）
	KR2	门店转化率提升30%（营销管理部）
	KR3	目标经销商签约率80%（市场营销部）

表14-3　某公司个人季度OKR

部门：客服	——	姓名：张三	——	周期：2022Q1
目　标	关　联	信心指数	关键结果	完成日期
大幅提升市场占有率	五大类产品外观重新设计（产品设计部）	4	在客户投诉中找到5个投诉量最大的共性外观缺点	2022.2.30
			在客户投诉中为每一大类产品找到3个外观个性缺点	2022.3.30
	目标经销商签约率80%（市场营销部）	3	在客户问卷中识别出10个潜在客户	2022.2.30
			根据已签约客户的反馈识别出其签约的3个理由	2022.3.30

在关键结果下面还可以设立工作任务，而工作任务是针对关键结果的具体行动，也就是类似于 KPI 的过程，如表 14-4 所示。一个客服部门的员工可以立足于本职工作是通过对产品设计部的关键结果进行支持，进而支持全公司的目标。

表14-4　某公司个人季度OKR横向对齐

部门：客服	姓名：张三	周期：2022Q1
O（目标）	方　向	大幅提升市场占有率

续表

关联KR（关键结果）	路 径	五大类产品外观重新设计（产品设计部）
个人KR（关键结果）		在客户投诉中找到5个投诉量最大的共性外观缺点
T（工作任务）	行 动	将客户投诉中关于外观缺点的投诉分类汇总并进行分析，同时按投诉量进行排序，排序后提取出前5个深入分析原因

这种工作如果用 KPI 去设计的话，很可能漏掉这个部门的这名员工，那他所起到的支撑作用也就无法实现了。又或者指定给一个没有深入思考过组织目标的员工，让他被动地去做这项工作，效率能保证，但是效果却差强人意。

OKR 设定好后需要把控节奏，不断营造积极向上的氛围，不断推动“承担责任”“庆祝成果”。克里斯蒂娜·沃特克的《OKR 工作法》中提到团队应该每周一一起开会盘点 OKR，明确本周具体需要完成的任务，每周五召开“胜利会议”，让每个团队展示本周成果。在工作过程中一定要加强沟通交流，上级通过跟踪与辅导帮助下属勇敢和理性地面对问题，这里可以经常使用教练技术。每个月公司、部门、团队都应该召开例会，其中部门、团队建议放在月末，公司建议放到下个月初。开例会主要是通报目前工作进展，互相点评及发表意见，然后总结经验和不足，提出改进要求，最后肯定成绩，鼓舞士气，可以根据内外部环境变化及目前工作完成情况，适当调整部分关键结果及工作任务。

当然企业中并不是所有部门都适用 OKR，OKR 在富有自由度且与战略相关的部门非常适用，比如研发部门、设计部门、市场部门、产品部门、战略研究部门等。而以独立、严谨、专业度见长的部门更适用 KPI，比如法务部门、审计部门等。通俗来讲，OKR 适合企业地从 0 到 1，KPI 适合企业地从 1 到 100，但是未来企业地从 1 到 100 更多会被机器所替代。

十五、用创新走出一条有生命的道路

（一）如何破内卷化

“内卷化”的定义是无论投入多少资源，都无法产生新的价值。为什么没有新的价值产生？因为没有遵从第一性原理，也就是前面没有1，无论投入多少资源，后面增加都是0，一堆0和一个0，都是0。内卷化还有一个词，叫作“形式主义”。一个企业不在本质层面去思考，而只是在形式层面思考，正如《道德经》中所写的“有道无术，术尚可求，有术无道，止于术”。当竞争环境恶劣的时候，有术无道必然会陷入内卷。因为大家着急到处学技巧，学技巧的来源都差不多，还互相投入大量资源都没有产生优势，只有教技巧的赚得盆满钵满。内卷化的外部表现形式，表现为企业面对强大竞争对手时的降维打击，或者面对其他实力相似的竞争对手时的无下限割肉竞争。企业按照过去的方式，无论如何都悟不出一条生存下去的路来。所以一般的企业都会咬紧牙关与实力相似的竞争对手互相无下限贴身肉搏，然而“螳螂捕蝉，黄雀在后”，最终的结果往往是在两败俱伤的时候，再被重资本的大企业降维打击，被市场全部“吃掉”。

内卷文化的背后是一种合群文化，合群文化带来一种思维叫作固定型思维，也就是说人的思维可以被周围人的评价所固定，不敢不符合他人的评价，这类人还有一个好听的名字，叫作“追求完美”。为什么人害怕不合群，因为人的体内住着一个原始人，在原始社会如果不合群，可能会被野兽杀死。但是当代社会，是一个“幂次法则”主导的社会，是赢者通吃，2% 的人占有 98% 的人的机会和利益，这个时候合群就意味着不够吃了。所以要转向自己擅长的领域，自己孤独地去成长，自我迭代，自我颠覆，乐在其中，沉浸其中，对应一种思维叫作“成长型思维”，这样才能让自己变成那个领域的前 2%，等这个领域的大势一到，市场一作大，你会发现，自己的前途就在于此。为什么要成为前 2% 才会有市场？因为“幂次法则”更多满足的是精神需求，即寻求精神愉悦的放松，只有前 2% 的人或者产品才能让客户精神愉悦。所以未来是个性化时代，百花齐放的时代，是小众的时代，一定要相信你的个性会有未来。

内卷文化在当下这个时代一定会带来一种困境叫作“囚徒困境”，为什么？因为以前的时代是正态分布，80% 的普通人占有 20% 的资源，够吃，现在的复杂世界满足的幂次分布，98% 的普通人占有 2% 的资源，这就不够了，就变成了“囚徒困境”。1950 年，由就职于美国兰德公司的梅里尔 · 弗勒德和梅尔文 · 德雷希尔拟定的困境理论，后来由顾问艾伯特 · 塔克以囚徒方式阐述，并命名为“囚徒困境”。“囚徒困境”讲的是两个共谋犯罪的人被关入监狱，不能互相沟通情况。如果两个人都不揭发对方，则由于证据不足，每个人都坐牢 1 年；若一人揭发，而另一人沉默，则揭发者因为立功而立即获释，沉默者将因不合作而入狱 10 年；若互相揭发，则因证据确凿，二者都判刑 8 年。由于囚徒无法信任对方，因此倾向于互相揭发，而不是同守沉默，最终导致“纳什均衡”仅落在非合作点上。很多人习惯把当前普遍存在的内卷解释为“囚徒困境”，囚徒困境是同维度竞争，但真正有战略眼光的领导者会极力避免同维度竞争，打消耗战，采用添油战术，因为竞争就是要保证赢，而同维度下的无下限竞争大概率会双输。

从组织内部看，内卷化是因为“彼得原理”，也就是关键岗位的人由于一直提拔导致不能胜任。有一句“一着不慎，满盘皆输”，乃是说的带全局性的，即对全局有决定意义的一着，而不是带局部性的即对全局无决定意义的一着。企业内部的内卷化，往往在对全局无决定意义的一着上，不断投入资源，导致没有全局价值。从某种意义上说，没有战略意义就是没有意义。而为什么会在没有全局意义的一着上不断投入资源？往往有这么几个原因：一是老板缺少哲学思维，没有整体观念，迷信细节决定成败，迷信工匠精神；二是局部的部门领导全局观差，骄傲自大，唯我独尊，喜欢做自己擅长但对全局意义不大的事情；三是 KPI 考核导致，部门职责划分形成的“深井”，部门不知道自己做的事情应该形成什么样的结果来满足企业最终的目标；四是内部考核主要依赖外行评论，导致内行不得不迎合外行。应对这个问题，OKR 工作法可以很好地替代 KPI。很多人把内耗解释为内卷，其实内耗只是内卷的一种。内部如果排序到个人，内部人自然就会陷入争位的漩涡中，进而形成内耗。这也就是为什么华为很少奖励个人，都是奖励团队。

从宏观角度看，内卷化有其历史成因，也有破解之道。为什么这几年才提内卷化而前几年很少有人提？因为高科技和重资本主要被垄断企业所掌握，这些企业既不敢拿去做颠覆式创新，又担心颠覆式创新时代终将来临，导致自己目前擅长的行业被颠覆掉，因此都把高科技和重资本压到传统行业，改造传统行业，而传统行业与人们生活息息相关的行业，在共产主义时代到来之前，人们的底层需求不会消失。同时传统行业又固化了绝大多数中小企业和工作者，而广大中小企业从业者往往都是熟练工种，经验主义者。经验主义者的特点往往是只注重实践，只喜欢做自己熟悉的事情，他们认为要摆脱危机感，只有更加拼命地做自己熟悉的事情，因为做熟练的事情带来的掌控感和优越感可以对冲危机带来的自卑感。这就是目前随处可见的状况，传统行业的中小资本加速近身肉搏，无下限地拼加班，拼降价，而重资本大企业在依托专业人士和高科技对传统行业的传统方法不断变革，甚至干脆亏着钱对传统企业降维打击，结果就是所到之处寸草不生，目前各个传统行业都不景气，就是这个原因，有的被吓死，有的跟邻居肉搏被打死，打不死的，也只剩一口气，被大企业直接收割。

实践出身的经验主义领导干部只喜欢让下属做自己熟悉的事情，集中资源到自身熟悉的地方，就像赌博一样，做优自己擅长的产品线，不管客户是否喜欢，如果拿全部资源填起来的产品线被敌人用“大炮”重做了，企业就彻底倒闭了。由于事情本身是不符合客观规律的，导致干得越拼命，就越没有价值产出，未来也越没有希望，这就是“穷忙族”，员工快累倒的时候，企业的根基也就毁灭了。

从权力的角度看，为什么内卷化具有普遍性？从封建时代到计划经济，大家所做的事情基本上都是上级安排好的，从元朝开始，中华传统文化就变成了一种“顺文化”，这个时期更加注重细节的人，就会胜出，从上到下都会提拔更认真的人，因为大家会的都一样，做得更完美的就会脱颖而出。由于从上到下都是这种思维提拔的，也就形成了官场的共识，服从且更认真的胜过服从且认真的，其实也就是形式主义。光绪帝在1901年的《变法上谕》中说道：“我中国之弱，在于习气太深，文法太密，庸俗之吏多，豪杰之士少，文法者，庸人借为藏身之固，而胥吏倚为牟利之符。公事以文牍相往来，而毫无实际，人才以资格相限制，而日见消磨。误国家者在一私字，困天下者在一利字。”其实企业与国家很相似，内部每天都以“掉书袋”地引经据典、卖弄学问为荣，每天都像鲁迅笔下的孔乙己一样在比谁知道的“回”字的写法多，当然就能不产出价值。在没有百度等搜索引擎之前，人和人之间比知识比的往往是知识的丰富程度，有了百度，管理层会觉得查一下就可以了，不用广泛地获取知识了，但是打仗最重要的是“主孰有道”，如果每一个组织都有了百度后，在需要的时候查一下，那比的就不是查百度的速度，而是比对知识的深加工，这个痛点被很多抖音的知识博主抓住，并创造出了客户黏性很强的知识服务产品，创造了价值的同时，自己也赚得盆满钵满。

日本应该算世界上内卷化最严重的国家之一，其“二战”之后一直在跟随并复制美国等世界最著名的发达资本主义国家，因为这些国家已将该试错的都试过了，所以日本跟跑并复制的结果是速度非常快地接近发达资本主义国家，尤其是到20世纪90年代，差距已经很小。然而美国作为发达资本主义国家的代表并没有接着与其内卷，而是加快下一代科技的创新，用互联网思维不断反复重塑自己，并且控制全球化市场，直接导致日本彻底跟不上，到现在还在20世纪90年代内卷着，单纯地沉迷于工匠精神。因为日本的文化过度强调服从，所以一旦标准定了，那靠近标准，可能除了德国没有几个国家能够超越日本，可是从0到1需要的是颠覆权威，这样一来日本的文化就不允许了。中国前瞻性地吸取日本的教训，开始了供给侧结构性改革，即要从“中国制造”提升至“中国创造”，突破这个泛内卷化陷阱。

那么，从企业角度看如何破内卷化？世界著名的CEO安迪格鲁夫在经营英特尔的时候，面对世界经济恶化，曾推出他的“125%的解决方案”，即要求雇员用更多的加班，以及发挥更高的效率，以战胜咄咄逼人的日本人，结果却验证了在内卷这个赛道，谁都卷不过日本人，因为日本的文化是彻底不拿自己当人的文化。“125%的解决方案”使英特尔成了血汗工厂，却仍无法抵挡日本厂商的进攻，公司产品库存积压严重，资金周转失灵，陷入了深深的危机中，但是好在安迪格鲁夫创立的目标式管理支撑住了企业运营的轴心，微处理器业务也逐渐成熟。这时候安迪格鲁夫同公司董事长兼CEO的摩尔讨论公司困境。他用了换位思考的教练提问的方式，提出如果新总裁上台，会如何行动？摩尔在思考后回答，新总裁会放弃存储器业务。就这样他们很快决定主动采取这样的策略，在1986年，公司提出新的口号“英特尔，微处理器公司”。英特尔顺利地穿越了存储器劫难的死亡之谷，破了内卷。1996年，身兼斯坦福大学商学院教授的安迪·格鲁夫出版了一本叫作《只有偏执狂才能生存》的书，这是他一生理念的总结，核心就是战略转折点问题。书中写道：“穿越战略转折点为我们设下的死亡之谷，是一个企业组织必须经历的最大磨难。”“我常笃信‘只有偏执狂才能生存’这句格言，我不惜冒偏执之名，整天疑虑事情会出岔。”内卷化就源于共识管理，也就是外行领导内行的极端民主，而共识是当前最优而不是未来最优，破内卷是战略性舍弃当下最优，而追求未来最优，只不过未来最优只有“先知”才能看到，所以在群体中显得偏执。

要破内卷，从人员的角度讲是要找到事物内在规律行事的内行人，而不是在外在形式上行事的外行人。因为现在讲的是“幂次法则”从背后来看极致人才组成的团队法则，所以要用内行人组成的团队，现在团队管理不断讲共享规则下的自运行、自组织，通才越来越普通，专才才是真正的人才，专才组成的互相熟悉、目标一致、能力互补的团队，就是王炸。比如很多直播带货的头部流量 IP 的团队。而内卷文化培养的人都是通才，都会一点，都一个样，所以内卷化培养的团队，是互相熟悉、目标一致、能力相同的团队，这种团队可能还不如一个人来得实在，因为内部会比高低，会内耗。现实世界的脆弱就是因为“黑天鹅”特别多，“黑天鹅”一出现就会有 98% 的公司被压下，2% 的公司趁势崛起，这 2% 的公司的核心一定是专才而不是通才，是一群及其自我的人，而不是自律的人，专才就是一生只做一件事。破内卷的关键是不断寻找和打造任何一个细分行业前 2% 的人才。如果你的公司有很多个专才组成的团队，那借力“黑天鹅”崛起的概率就会很大，如果企业足够大，上万人组成，像一个国家一样，这时候就需要在多个方面有极致人才组成的团队。这就是用人上的非对称交易。

从组织架构的角度讲，唯独客户是上帝，领导与客户不能都是上帝，这时候企业内部需要一定的平等机制。就好像字节跳动内部的去头衔化一样，珀金斯、墨菲撰写的《危机领导力》一书中强调“在危机中要最小化等级与地位差别”。天道讲的仁爱就是以客户为中心，以领导为中心就是人道，如果以领导为中心会导致东西卖不出去，因为心理学研究表明权力容易造成人的大脑损伤，会导致人的同理心缺失，形成一种不自觉的傲慢情绪，所以领导很难同理客户的内在需求。如果领导权力很大的话，可以多回顾自身早年的无力感会有奇效。就好像任正非的苦难哲学。让客户成为上帝最好的方式是要让听得见炮火的人指挥战斗，只有能了解并满足客户需求的人，才有话语权和决策权。

从文化的角度讲，需要符合强势文化替代弱势文化的规律，坚决避免经验主义，“黑天鹅”为什么黑？因为客户习惯了经验主义，而“黑天鹅”以前没见过，就没做准备。比如共产党的转折就是在遵义会议以后确立了实事求是原则，这时候文化就变成了强势文化，四渡赤水就是彻底符合客观规律的强势文化的代表作，华为的转折是在 1998 年花 40 亿元向 IBM 引进 IPD，从那时候开始改革，文化就渐渐由经验主义变成国内外先进管理咨询公司主导的强势文化。一个成功企业总有一个秘密，别人无论如何都模仿不了的，那就是这个企业的文化。如果把企业比作一个人，文化就是这个人的思维、价值观和灵魂。就好像电视剧《亮剑》中李云龙提到的“亮剑精神”，那是李云龙自己培养的独特精神，其他组织永远模仿不了。

从领导者思维的角度看，要有批判性思维和成长型思维，要有强大的精神属性，要不断从他人身上获得精神力量，坚决避免固定型思维，避免活成别人评价的样子。樊登在《可复制的领导力》中认真解释了批判性思维，他提出了批判性思维的四个维度，即思维的全面性、公平性、勇敢性和科学性。全面性是指要透过现象看到本质。公平性指换位思考、同理心，不公平的生意和合作是不能持久的，因为公平是人的底层需求。勇敢性是指真正的勇敢者要敢于不同，打仗一定不能被竞争对手带偏了，带到对方的优势中去竞争。现在的这个时代，如果做不到敢于不同，那就注定会被内卷得尸骨无存。科学性是指要有可证伪性，不能听信归纳法的揭示，不是有几个成功了我就要试试，而是要搞明白一共试了几个，失败了几个，失败的原因，成功的概率以及成功的关键。在面临重大战略决策的时候，尤其要看成功的概率。没有一个成功的企业家是喜欢冒险的。罗永浩曾因锤子手机欠下 6 亿元天价债务，但是依靠直播带货，他仅用 3 年就还清了债务。罗永浩在直播中提到“被误解、被侮辱、被伤害，被摧残，原谅他们，因为他们不知道他们在做什么”，这就是他没有被那些评论固定住，他在不断地成为自己，而不只是克制自己。他依靠成长型思维，找到了自己的优势，他粉丝数量多，直播带货自然就有优势，就这样破了内卷。破内卷从领导者的内心来讲，需要不断获得他人的力量，获得他人精神上的支持。电影《至暗时刻》中的丘吉尔在面临英国是选择抗击德国侵略，还是主动投降的时候，带着浑身的无力感走上了地铁，在获得了无数平民百姓的支持与力量后，他冒着大概率失败的风险，毅然决然地选择带领全国与纳粹死磕到底，最终顽强地领导英国抵抗住了德国的侵略。我曾经撰写过一篇文章叫作《100本书的演讲》，详细地复盘了我在“樊登读书会”学习的100本书，并在当时的单位做成了谁都做不成的大项目，获得了2018年首届太原樊登读书会的特等奖，获邀与樊登共进晚餐。当时，我的文章发表后，有很多人给我写信说，我的故事一直激励着很多人在不被周围人认可的情况下通过不断学习努力前行，他们希望与我建立连接，甚至到现在都已经过去了快四年，还有很多人一直给我发微信，跟我说希望在艰难的时候收到我的回应，希望通过这种方式获得精神上的支持与力量。

破内卷，领导格局一定要大，要能听得见负面信息。在公司内部的信息与沟通方面，需要畅通的信息渠道，最大化信息共享，内部交流尽可能降低专业门槛，尽量少用专业术语交流，以最大化合作为目标，而不是自我陶醉，换句话说就是尽可能让真理与真相见面，尤其是让决策者获得足够多的真理与真相。比如2016年三星爆发了“电池门”事件，它的电池总是爆炸，在测试阶段就有这个问题，可是谁都不敢告诉当时的一把手李健熙，直到炸伤了客户，造成了巨大的舆情风险，只因三星报喜不报忧的文化。诺基亚也有同样的问题，当时诺基亚的很多中层干部甚至篡改数据来赢得上层领导的好感。字节跳动用飞书的原因就是因为飞书上留存了全部最原始的信息，这样就达到了最大化的信息共享，防止中间的领导为了自身利益去有选择性地报告数据或者篡改数据。2017年随着头条圈出现了匿名的吐槽和宣泄帖子，公司讨论后决定允许匿名存在，张一鸣甚至会在内部开“产品吐槽大会”，每两周开一次，主要吐槽自己公司产品，赞美竞争对手产品，因此字节跳动的产品就在一声声吐槽中变得越来越好。为什么字节跳动现在越做越好，甚至可以在美国本土打赢 Facebook？因为张一鸣格局大，字节跳动就是要做一个透明的公司。

从产品的角度看，产品不只要满足人的身体需求，更要满足人的精神需求，对年轻人要关注他们的社群需求。很好地满足客户深层次需求会带来一个特征叫作上瘾。有上瘾属性的产品往往才是好产品。以碳酸饮料为例，针对年轻人主要是以零糖零卡为主，比如元气森林使用了赤藓糖醇这种无糖甜味剂，甜味很自然，设计风格偏日系，比较受年轻人的喜爱，元气森林创始人曾有互联网游戏的经验，所以将游戏皮肤的设计理念运用到了元气森林上，元气森林请魏大勋作为品牌代言人，因为魏大勋的减肥经历与元气森林无糖、健康、积极生活的产品定位相符合，元气森林与小红书、B 站等知名媒体平台合作，并赞助综艺节目，这些节目的目标群体就是年轻人。这些表面看是身体需求，实则全是精神需求。多个精神需求的满足集中在一起，自然就成了“核武器”，所到之处寸草不生。对于常见的满足身体需求的产品，可以在包装上设计一些好的、有趣的文案来满足人的精神需求，比如江小白就用好的文案重做了白酒，文案设置了有场景的、符合客户个性的内容。从客群的角度看，产品的设置需要有明显的差异，以此来体现降维打击，比如小米的产品，就是价格便宜，性价比高，雷军与马斯克思路比较一致，喜欢把别人的利润产品进行拆解，模仿、重做后只要 5% 的利润，让他成为自己的流量产品。再比如网红食品桃李面包，它的面包与其他品牌的面包价格一样，质量也差不多，但它的文案和包装设计就明显略高一筹，尤其对年轻人很有吸引力。再比如蜜雪冰城，其价格与三四线品牌差不多，但质量却高很多，且有比较强大的精神属性，还有歌曲，对于同等价位的产品是明显的从内到外的降维打击。现在 18 岁到 30 岁人群是最舍得花钱，最敢消费的人群，他们的精神只有他们自己懂，这时候好企业一定要让他们自己做主去服务他们的同龄人，精神就是只有相似生长环境的人才互相懂，必须是一代人才能服务好一代人，在有些地方的传统文化强调服从年龄比较大的人，很多不是同一个年龄段的一群人爱指手画脚还有话语权，这时候就会导致“两个上帝”现象的出现，也就是传统企业倒闭的最主要原因。以客户为中心就像共产党以人民为中心一样，是企业的根本战略基石，坚决不能动摇。领导必须放弃自己的权力欲，以满足企业的生存。

产品定位一定要聚焦特定人群，避免进入模糊的中间地带，产业中的高利润区，要么聚焦高端，要么聚焦低端，几乎适用于所有行业。尤其是这几年经济不景气，又有疫情，中国国民的人均负债水平居高不下，重做低端的刚需行业，跑量是一个很不错、很稳健的选择。比如餐饮行业已经被验证的容易上瘾的小吃，现在也迎来了连锁化重做的大势。如果你的收入不多，可以考虑在老百姓的刚需上创业，比如加盟一个连锁的餐饮店，现在餐饮界的大势是好产品走出区域，用连锁化经营走到全国，比如四川做夫妻肺片的紫燕百味鸡，用作夫妻肺片的方法做鸡肉，然后把主要步骤提取，规范化之后就可以复制。如果你手头还有比较充裕的资金，可以考虑把好吃又容易上瘾的地方小吃，规范化后推向全国做连锁的方法，因为需求不用被重复验证，新公司生存脆弱性也就大大降低了。

现在的时代是一个“黑天鹅”到处飞的时代，不确定性很大，大家都很缺乏安全感，所以能提供安全感的产品就是好产品，安全感往往就是指确定性，确定的背后其实是稳定的系统支持，稳定的系统支持来自比较多的冗余，也就是反脆弱。比如2012年12月21日开始，罗振宇每天早上发60秒语音，到今天已经坚持了快10年，这时候他的确定性给了他的粉丝们安全感，让他的粉丝们觉得，什么都不在了，“罗胖”还在，继续陪着大家。这就是安全感，这就是确定性，这就是值得信任，靠谱。安全感在精神上虽然属于痛点，不属于痒点和爽点，但是安全感的受众是最多的，做流量最重要的是给客户安全感。传统的互联网产品都有三级火箭的设计，第一级是头部流量，第二级是沉淀用户的商业场景，第三级是商业闭环，而“罗胖”的第一级就是60秒，第二级就是得到APP，第三级就是他的付费课程。中关村第一才女梁宁，在她的《产品思维三十讲》中对此有一个比较深刻的解释。互联网商业就是产品、流量和转化率，所以好的企业利润产品、场景产品和流量产品的各自定位是截然不同的。所以做企业要留住客户，不能什么钱都赚。以餐饮企业为例，有一家潮汕牛肉火锅店叫鲜牛传奇，只有30道菜，其中28道菜都不赚钱，赚钱的只有两个，一个是牛尾鲍鱼饭，卖38元，成本是8元，另一个青柠饮料卖8元，成本是2毛，这个套餐是必点套餐，鲜牛传奇就靠这个套餐赚钱，其他潮汕牛肉火锅店靠牛肉赚钱，而鲜牛传奇靠牛肉引流量，鲜牛传奇的服务员没有底薪，培训 7 天就上岗，主要靠卖牛尾鲍鱼饭和青柠饮料拿提成。这也是小米的思维，把别人的利润产品做成自己的流量产品。

从产品的销售渠道来看，由于疫情常态化是一个不得不去适应的形势，所以线上会比线下更有生命力。

企业破内卷从战略上讲是要不断寻找行业蓝海，找细分赛道，在蓝海中找到自己的优势和专长，沿着自己的专长与客户一起，用互联网思维，不断颠覆不断重做自己，直到时机成熟，大势到来，指数型增长便将实现。这时候要多做非对称交易，要多考虑成功的概率，非对称交易就是输了也只损失一小部分，而赢了将会受益无上限的交易。比如现在流行的直播带货，如果你手下的年轻女员工有潜质成为女网红，那就不断支持她，打造她，失败了也只损失平均绩效的一部分，如果赢了，有可能整个公司都依靠她一个人养活。到时候该给人家多少就得给人家多少，不能小气。比如疫情期间很多饭店都倒闭了，就因为现金流出了问题，疫情不能开门，却有很多刚性负债，但是喜家德水饺却逆势开了 150 多家店，因为它就是一个现金为王的企业，甚至不让客户刷信用卡，在疫情的时候由于不允许堂食，所以很多高档场所都以极低的价格出租，这时候喜家德抄底租了很多店铺，如果疫情一直持续下去，损失也不多，万一疫情过去了，那将会有非常高的收益。再比如现在有“去公司化”的趋势，因为公司作为一个 IP 很难到达 2% 的头部，但是所有头部和尾部的公司都需要供应链厂家去服务，所以供应链厂家非常反脆弱，就好像现在直播带货的兴起，带货做得好的明星也就那么几个，因为直播间都需要装修和话筒，所以给直播间做服务供应链的这些企业，风险极低却赚得盆满钵满。数字化的敏捷团队，要做的就是迅速寻找行业大势，把自己作为大势必不可少的一部分，嵌入进去。

破内卷要多关注科技的发展，多思考跨界创新，保持众人皆醉我独醒的清醒头脑，因为大家都互相监视着，内耗着。但是跨界创新，同行往往会看不上，因为同行会由于传统思维，被自己高高在上的权威给挡住视线，认为创新不专业。比如当年的“千团大战”，唯独王兴不参与用大量投入广告费去进行无底线的贴身肉搏，而是不断关注科技的创新，他主动放下当下，努力思考未来，当他发现小米推出了千元手机，他就感觉到了移动智能时代的到来，于是他就拿手机改造了团购，并把自己全部身家投资进去，推出了外卖。所以破内卷的关键是找一个有未来的赛道，秘密投入资源，且当下能够生存就可以，就好像诸葛亮的《隆中对》帮助刘备的创业团队找到西蜀和汉中这条生存之路一样。

破内卷需要习惯生物态管理，避免机械态管理，即习惯主动升维进化，再降维打击，就好像中国的改革开放一样，只学世界第一，自然就学到了世界第二，这时候以前在我们前面的那些国家都已被我们甩到了身后。如果要做一件新的事情，比如银行上市，它不知道上市后怎么做，这时候它就要主动模仿上市后市值最高的银行，比如宁波银行、招商银行，学会之后再跟其他与自身差不多的银行竞争。一个赛道如果有 100 个上去跑，结果只有 3 个胜出了，那失败的 97 个基本上思维往往都差不多是惯性思维、内卷思维、经验主义，而3个胜出了的往往是自己主动进化，自我革命，迭代或者颠覆了。普通人喜欢看打拳击，看实力相当的双方斗的两败俱伤，最好一个艰难的反败为胜，这就成为了大家广泛议论的话题，有了社交货币的属性。但是打仗完全是另外一个逻辑，打仗就是要打赢，集中十倍于敌人的兵力，各个歼灭敌人，降维打击。那种消耗战，伤敌一千自损八百的仗，如果不是战略特别需要，能不打就不打，搞企业不能被外行看热闹的带着走。生物态思维需要不断进化，比如诺基亚最早是做木材的企业，后来做手机发达了，就转做手机，再后来手机没搞好，被苹果给替代了，现在主要做技术，收专利费，还时不时地卖情怀，偶尔推出几款怀旧手机，一样活得有滋有味。再比如中国古代的苏东坡，他是一个著名的文学家、书法家、美食家、画家、水利专家等，为什么他有这么多头衔？因为他一生颠沛流离，他所在地方有什么，适合做什么，他就深入去研究其原理，然后自我迭代，自我进化，最后就变成了这方面的专家，虽然“隔行如隔山”，但是隔“行”不隔“理”。他对很多事情都感兴趣，就像一个有多种可能性的生物一样，无论在何种环境下都能很好地适应，并发现命运安排的美妙之处，甚至后来被流放到了蛮荒之地——海南岛，他都能发现生蚝很好吃。

从财务报表看，破内卷就要盯紧自身的北极星指标，而不是人云亦云地用虚荣性指标。比如一般的企业，复购率、推荐率和经营性现金流是衡量企业生命力的指标，而一般人常提起的资产负债率，并不能很好地衡量企业生命力，因为很多资产根本便卖不出去。再比如APP一般来说月活量比日活量更有说服力，更能代表企业的健康程度，但是有的领导擅长内卷，月活量可卷不过日活量。目前，低成本实现爆发式增长最好的方法都在《增长黑客》中阐述，如果想破内卷，就要不断用世界上最先进的方法论重做自己。

一个好品牌一定要有属于自己的品牌故事，这个故事能够让客户主动带入进去，让他们感同身受。一个好故事价值千金。比如星巴克的创始人霍华德·舒尔茨，在他 12 岁那年，他偷来一罐咖啡送给父亲，却遭到了教育和毒打。因此他多年间一直拒绝见父亲，甚至在父亲临终前都没能实现二人的和解。后来，霍华德·舒尔茨意外发现父亲依旧保管着那个咖啡罐，里面还写着父亲希望开咖啡厅的愿望，这让霍华德·舒尔茨非常内疚，于是他求助了 200 多人集资升办了星巴老咖啡厅。企业需要认真回顾自身旅程，发觉自身的故事，想一想有多少故事可以分享，同时还可以让小伙伴感同身受故事可以帮助企业和产品找到它的定位人群，因为只有相似经历的人彼此才能更懂对方。

破内卷就要找准大势，重新建立品牌。之前说每一个产品都值得用互联网思维重做一遍，现在是都值得用数字化思维重做一遍，还有一个说法，就是为这一代年轻人、Z 世代的年轻人重做一遍。比如李宁，70 后、80 后拥有比较强的等级思维，所以随着他们收入的增长，更倾向于购买耐克、阿迪等品牌来证明自己的身份，李宁一度经营非常惨淡。可是从 90 后开始，年轻人有了去等级化，自我做主的特征，此时李宁迎合年轻人打造了中国李宁品牌，并获得了非常高的收益，现在李宁很多潮鞋都可以炒到比耐克和阿迪更贵的价格，足见这一代人的自信。所以如果你的企业在满足中年人的时候赚不到钱，可以试试转向满足年轻人、Z 世代的思路，不过一定要一代人服务一代人，别乱出主意。

对于既定的大势，比如数字化转型，需要全身心投入有步骤的参与，需要一把手的破釜沉舟。因为就那么多客户，大家投入那么多，谁都没有多赢。只有数字化能帮助你找到一片蓝海，数据科学能推算出里面的竞争对手还都不怎么成器，而自己前景一片广阔，这时候用战略资源压上去，海盗式扩张，占领之后再修城墙，加固护城河，这样数字化就帮助你破了内卷。因此，小企业搞数字化要以战养战。

（二）创新，从0到1与从1到100

在中国，企业创新讲得最好的机构应该是混沌大学，混沌大学的创始人李善友教授是中国最早研究创新哲学的哲学家，他出品的《第二曲线创新》，是讲企业创新的书，这本书也是我在 2020 年读过的最好的书。根据书中的解释，事物的本质有一个被广泛认知和接受的表象，创新就是打破这个表象，回到本质，然后再使用当前最先进的技术或者理念，给本质打造一个最先进的形式，以实现本质。例如汽车的发明，汽车的本质是出行工具，1886 年汽车刚被卡尔·弗里特立奇·本茨发明的时候，被广泛认知和接受的出行工具是马，而当汽油机发展到一定程度，可以放到三轮车上作为动力源时，汽车就诞生了。汽车作为可以一直持续奔跑的工具，解决了马有体能上限的痛点，将人类的行驶距离大大延长。

创新分为从 0 到 1 与从 1 到 100 两种方式。其中从 0 到 1 指的是从来没有满足的客户需求被满足，比如埃隆·马斯克的 SpaceX（美国太空探索技术公司）成功实现普通人的太空旅行，索尼发明随身听，本茨发明汽车等。从 0 到 1 的最大的风险就是造出来的产品被验证为没有客户需求。从 1 到 100 指的是以往需求被更加深刻地满足。用互联网思维重做每个已有行业，就是从 1 到 100，但是从微观上看创新点，却又是从 0 到 1。所以创新不光是一门学科，更是一种基因。我们国内创新主要是从 1 到 100，这样不用验证用户需求，只需要加入个性化元素，在某一个细分领域深度满足客户需求即可。

从 0 到 1 的创新，完成好过完美，需要验证是否有客户需求，就是要不断验证价值假设与增长假设，价值假设就是这个事有没有价值，有没有人愿意花钱购买。增长假设就是验证这个事有没有增长的空间，有多少客户需要。如果这两个假设有一个被证明没有必要，那就先不做。如果这两个假设验证都非常好，那就可以确定为战略机会点，再按照从 1 到 100 的做法，将战略资源压上来，反复与客户一起迭代产品，在营销上开展海盗式扩张，占领用户心智，构建品牌护城河，这是优秀企业破内卷的基本思路。比如乔布斯 2001 年 9 月 3 日最早推出 ipod，就做成跟随身听一样大小的一个盒子，就是这个盒子颠覆了索尼的随身听和 CD 机，拯救了当年的苹果公司。在验证有广阔的市场前景后，苹果又在 2004 年，推出了第一款彩色 iPodmini，一下成了爆款，紧接着，苹果做了很多高溢价的周边产品，同样销售火爆。乔布斯是世界第一的产品设计大师，每次迭代都会让用户尖叫。互联网思维尤其喜欢颠覆权威，谁规定的只有电脑可以听音乐，而不能把电脑听音乐的芯片单独拿出来放到一个盒子里面随身带着走呢？互联网思维就是特别关注跨界创新，隔行如隔山，隔“行”不隔“理”。回到本质层面去思考，你会发现没有那么多品类，那些所谓的品类更多的是一种包装。比如李书福早在 2014 年就提出，未来的汽车就是四个轮子，一块电池，一个电脑，照着创新下去，现在的新能源汽车就是这样。回到本质去思考创新，就不会那么恐惧。

传统文化认为造磁带机是对的，过去诸如随身听都是磁带机，造磁带机才能被提拔，造磁带机才能大家都说好，磁带机就是我们的文化、真理和权威，然后公司从上到下做出最细腻的磁带机，当客户不再买的时候，但公司从上到下却认为是没有造出更完美的磁带机导致的。如果公司上下知道 MP3 是未来，但是既得利益者们都不去做，而是安排给个别人去做，并按照做磁带机思路提要求，大家一起再认同一下，最后企业也做不好 MP3。如果客户需求没有变化，那么最精细化的工匠精神一定是有价值的，但是客户需求随时都可能被更好的产品所满足，内卷化就有了巨大的战略风险，领导能管住下属，但是管不住客户，客户不购买产品，企业就会倒闭。计划经济都是做一样的事情，所以做过去事情的，由于做得完美，就被提拔了。因为传统的提拔任用机制，其实是伯乐制，又由于从上到下都有官场共识，人际关系好，且最擅长做过去事情的就被提拔了，那些创新并救了企业命的，大家都觉得做的不如传统事情完美，同时由于动摇了既得利益者阶层的利益，也就被排挤了。创新的不完美，不如做过去事情的完美，这样企业也就有了地中海效应，有能力创新的都走了。

创新本身就是颠覆权威，如果企业里一方面让过去的成功人士做权威，另一方面告诉他们要不断自我革命，颠覆自己，或者你要支持其他人来颠覆你，替代你，淘汰你，好像有点反人性的感觉，那这些权威们得多高风亮节啊。企业里面有一两个雷锋是有可能的，可一把手不能用雷锋的人品来考量绝大多数管理者，管理者们都是以自身利益为主的，因为他们也有老婆、孩子、老人要照顾。很多创新失败，就是因为领导从来不考虑下属的人性，把要求提完就拍拍屁股走了。一个公司里面当旧的东西和新的东西放在一起时，旧的东西为了自己在公司的生存，一定会绞杀新的东西，最终的后果就是，全公司一起被外界的颠覆式创新所替代。

如何将所从事的行业按照第一性原理来拆分后重做？营销学先后有4P、4C、4R 理论，4P 是指产品、价格、渠道、促销；4C 是指客户、成本、沟通、便利；4R 是指关联、反应、关系、报酬。4P 是站在企业角度思考自己的能力圈，能够生产什么产品，喜欢定多高的价格，如何找到客户，给客户什么样的促销政策。4C 是站在客户的角度，每一个 C 都应一个 4P，这样相乘就有 16 种组合，可以在 16 个方面细分自己的行业。4R 是衡量这 16 种组合优劣的维度。关联指客户与企业是命运共同体；反应指站在客户角度倾听并主动推送商业模式，高度回应需求；关系指从抢占市场到与客户形成长期共生关系，从一次性交易到长期友好关系，从短期利益到长期利益，从客户被动接受到主动参与，从利益冲突到合作共赢，从产品买卖到协同共生；报酬指利润合理化，关系持久化。根据 4R 的判断标准，就可以不断回到事物的本质层面，然后采用当下最先进的新技术和新理念重做本行业，或者主动生成细分行业，或者看到细分行业属于蓝海，自己原创能力又不够强，主动跟跑领跑企业。

企业创新是企业未来的生命，尤其是颠覆式创新，颠覆式创新就是用10倍好的唯一降维打击1倍好的第一，这个第一往往就是过去的权威。因为只有变是不变的，大多数企业未来都会被颠覆，根据《第二曲线创新》的思路，颠覆式创新最好的方式是交由独立子公司单独运营，然后与主流客户物理隔离，重构价值网，吸引不同的目标客户，比如微信与QQ对应的就是不同的客户群体。一般来说，新业务刚出来，产品结构和市场规模都比较小，需要给新业务足够的时间、空间去成长，就好像茂密的森林里阳光照不到地面新长出来的植物，需要把这个植物挪到树木没有那么高的田野去生长，这样新长出来的植物才能茁壮成长，甚至长成参天大树。

十六、互联网思维与传统思维

（一）互联网思维与人群共生

互联网思维与传统思维的区别在于，传统思维经营产品，互联网思维经营人群。互联网思维的本质就是，企业的整体在商业战争中都穿透至终极的客户群体，抢夺客户的忠诚。雷军说："互联网思维像我党的群众路线，就是用互联网方式，能够低成本地聚集大量的人，让他们来参与，相信群众，依赖群众，从群众中来，到群众中去。"雷军还提出了"专注、极致、口碑、快"的互联网思维七字诀。而口碑的核心是超出客户预期。

互联网思维重做一个行业，首先，会把这个行业最顶尖的专家花高价挖过去，通过专家抽离出行业的本质，把这些行业的优点集中到自己的产品上。其次，深入研究目前主流产品的痛点，在其他行业中找到已验证过且解决了类似痛点的方案，将解决方案设计到自己的产品上，加上各种其他专家，比如心理学家，产品设计专家，产品体验专家、科技专家等组成团队，与客户一起共同设计产品。最后，等产品被广泛验证后，通过先进的营销渠道不断造势，设计的爆品一经推出就有多个点让客户惊艳，甚至尖叫。因为集合了主流产品的优点，解决了痛点，还精准锁定了客户，与客户一起协同共生。产品不会一次性做完，而是一直随着客户要求去迭代。

小米是互联网思维企业，尤其擅长重做传统思维企业赖以生存的利润产品，而且由于其只有5%的利润，导致被小米降维打击的企业，很多都很难存活下去，但是客户却因此获得了实惠，小米也因此获得了流量。小米生产的双开门冰箱只卖1700元，在小米之前，类似的产品至少5000元至8000元。小米在2019年做了羽绒服，带自加热功能只要599元，充一次电可以热7天，国产品牌类似水平的羽绒服至少2000元。小米还计划做电动汽车，计划7万多元做到特斯拉的配置。小米经营的是产品吗？不是，小米经营的是人群，是收入不高但是渴望有更高质量生活而且渴望有存在感的年轻人群。流量是小米经营人群的果，而不是因。

网红化妆品品牌花西子用互联网思维去看待传统思维的产品，他们的设计非常好看，融入传统元素，而且会专门在圣诞节、情人节、七夕节等六个主要节日发布单品，重点解决男性客户为爱人选择礼物的痛点。

互联网思维企业往往比较扁平，他们从客户需求出发，员工哪一点能最好地满足客户需求，就用他最满足客户需求的那一点。所以在培养员工上，往往把员工的长板拉得很长，或者说互联网思维企业爱用单一方面的极致人才。而且互联网思维强调差异化竞争，所以领导往往会根据客户痛点及竞争对手弱点主动提出很聚焦很具体的要求。互联网思维的崛起其实是市场经济下优胜劣汰进化的产物。在南方很多发达城市，在深入的市场经济下，经过大浪淘沙活下来还壮大的，基本都是真正以客户为中心的理论联系实际的本质主义者。因为以经验主义为主的传统思维企业基本上都已经被实事求是的本质主义者打败了。

（二）传统思维以产品为生

传统思维一般指垂直思维。垂直思维又称为逻辑思考法或收敛性思维，是指用逻辑的、传统的思维方法来解决疑难问题的思维方法。

在传统思维的企业，即使领导者自身能力不足，但是通过信息差，也只能用他做领导，因为他是信息中枢。这样的后果是领导者极其累，而且管得细要求高，反正领导者自己也是外行，就干脆不做取舍，全都要，结果不完美就羞辱下属，下属选择辞职，多半是这个原因。最终企业剩了一堆领导，没有干活的或者只有一两个执行者；又由于执行者要服务众多领导，导致执行者什么都略懂，但是不精通。

传统思维企业设计出的产品，关键是找到分销商销售出去，所以客户是否喜欢不重要，关键是分销商喜欢，换句话说传统企业主要是讨好他的下家分销商，分销商才是他的上帝。同时，在传统企业内部，员工的直属领导就是上帝，但是在一层又一层满足领导要求后设计出的产品，却容易卖不出去，因为最终企业内部的上帝——大领导并不了解另外一个上帝——客户的真正需求，或者不了解竞争对手产品和服务的优势，导致企业最终服务不好客户这个上帝。因为大领导在企业里被下属巴结，自己说了算，像神一样存在，而在客户那里却要巴结客户，领导内心的地位感也很难让他向地位比他低得多的客户低头，这是人性。对于企业来说最大的风险来自领导脱离客户的风险，尤其是有决策权的领导。这就是为什么很多传统企业拼命内卷还是没有起色的真正原因。传统企业领导只懂大多数客户的共性需求，而且由于内部层级复杂，养着大量的官僚，生产的产品只能高价格满足客户浅层次需求；而互联网思维企业既可以低于传统企业的价格满足客户浅层次需求，又可以满足客户个性化深层次需求，赚取满足精神需求的高额溢价。

传统思维企业既把客户当上帝也把企业领导者当上帝，而两个上帝的企业一般都会被信奉客户这一个上帝的互联网思维企业给卷死，因为客户有了伺候得更好的企业，就会抛弃原来的传统思维企业。那些不可一世的传统思维企业家，如果顾客不买他们的产品，再狂妄又有什么用呢？当前我国社会的主要矛盾是人民日益增长的美好生活需要和不平衡不充分发展之间的矛盾，供给侧改革就是倒逼企业去加深对客户日益增长的美好生活需要的满足。在此基础上，中国才能制造出属于世界的产品，依靠专利设计品牌与渠道赚钱，赚取微笑曲线两头的高价值，这样才能避免陷入日本那样永远停留在了20世纪，东西好却卖不出去的困境。

十七、数字化转型与最佳赛道

（一）数字化转型是时代大势

当前，我国数字经济占GDP的比重超过三分之一，对经济增长的贡献率超过三分之二，数字经济已成为中国经济增长的重要引擎。

在这个数字化时代，“数字”已经渐渐成了一种新的核心竞争力，各行各业都在拼命抓住这次弯道超车的机会，投入大量资源立足自身优势开展数字化变革。不客气地说，数字化时代，各行各业都值得重做一遍，就像前几年兴起的、各行各业都被互联网思维重做一遍一样。如果企业没能抓住数字化机遇实施变革，后果就是他会被数字化变革成功的对手降维打击，毫无还手之力。所以数字化改革不是选择题，而是必答题。

数字化不等同于提了多年的信息化，信息化的核心是互联网，强调信息的互联互通，只是信息获取和共享方面的变革。而数字化是一个更深入、更彻底的变革，数字化的核心是人工智能，它要做的是用数字来驱动各行各业，乃至整个世界的变革。也就是说之前是人脑或者最高级的专家脑来集体使用信息化改革带来的集成信息做出正确决策，现在是最先进的人工智能的算法，根据当下获取的数据以及对比以往数据产生的趋势，做出快速理智的决策。

从理论上讲，数字化可以整体提升企业的竞争力水平，由于我是搞金融的，以银行为例，新加坡星展银行获得了 2016 年、2018 年两次《欧洲货币》杂志授予的“全球最佳数字银行”的称号。它所作的最大贡献就是定量展示了数字化对盈利的意义。根据它的量化分析，从获客成本角度看，获得数字化交易客户的成本比获得传统交易的客户成本要低出 57%，传统客户交易可以赚取 19% 的净资产收益率，利用数字化的客户交易可以赚取高达 27% 的净资产收益率。净资产收益率（ROE）是公司税后利润除以净资产得到的百分比率，是衡量银行盈利能力的核心指标。从这个数据看，数字化可以整体提升银行的盈利水平。

从企业转型角度看，数字化转型的战略与企业转型的战略是一个战略，而非两个战略，不能相互割裂，或者说数字化转型是为企业转型整体赋能的一部分。

（二）数字化让客户对产品“上瘾”

现在是消费升级的时代，由于消费领域产能过剩，客户已经远远不再满足于身体需求的满足，而更关注精神需求，以及自身的感受。数字化的首要目标就是全面提升客户体验，激发他的购买欲望，客户的购买欲望减去摩擦等于转化率。这个摩擦主要来自客户体验不佳。数字化如何提升客户体验呢？一是将企业能获取的全部客户信息打通，尤其是解决数据孤岛问题；二是嵌入算法模型分析用户偏好；三是在客户交流或者交易的过程中，实时获取客户信息并且根据以往信息预判客户心理，提升成交率，减少购买摩擦；四是能够主动出击，在客户有需要但是还在犹豫不决时，主动出击引导消费者选择自己的产品；五是实现批量快速个性化定制，这个是人工智能在个性化消费时代的核心应用。如果数字化改革顺利的话，客户黏性就会获得大幅提升，客户在购买产品的时候也会有如沐春风、千里马遇伯乐、被爱人读懂了等的感觉。

2010年，雷军搭起的是小米社区，聚集了一批手机的发烧友，然后在社区以互动的方式做出了MIUI操作系统。这个过程的主导者是黎万强，他出过一本现象级的书叫《参与感：小米口碑营销内部手册》。这本书里，他很详细地介绍了他们如何每个星期迭代系统，强制性地每周发新版。每个版本如果采纳了哪个网友的意见，就会专门跟这个网友讲："你上次提的意见，我们新版已经改掉了"。这个网友就超有参与感，于是就有了第一批铁粉。对于这批人来讲，MIUI是他们一起做的，小米是他们一起做的，因此是神圣不可侵犯的。在MIUI发布之后，小米继续采用它的参与感大法，推出了小米手机、小米网电商。对此，雷军曾经说过，一方面，互联网把人数字化了，把每个人的工作成果全都数字化了。所以每个人每天都可以看到自己的数字，数字自然会对人产生压力。员工每天一看自己的数字，就得给自己一个判断。另一方面，小米打造了一个全员面对用户的组织结构，接受来自用户的压力。这个里面的差别在于，你让员工修改一个东西，两个人是要相互说服的。如果你要拿领导的权威去压他，他可能就会说那我改吧，但心里不服气。如果这个建议是来自用户，用户说不舒服，这个员工自己就默默改了，他加班也得改，而且心服口服。小米能够以最低价作出高客户体验的产品，数字化功不可没。

现实社会中好的产品，几乎都具有令人上瘾的特性，所谓的客户黏性更多体现在上瘾的瘾头上。在专门研究客户上瘾行为原理的《上瘾》一书中，披露了上瘾行为涉及的四个步骤：触发、行动、多变的筹赏、投入。其中，“触发”指营销信息的触达，或者有人介绍；“行动”指可以被说动了，愿意初次尝试；“多变的筹赏”就是指尝试过程中，多变的正向反馈，有点类似赌博，不确定性引发客户的征服欲、好胜心，然后随着客户投入的增多，让客户获得更多的存在感、认同感、价值感、爽感等，再有很多社群因素的加入，提升客户的归属感；“投入”指可以愿意投入更多的时间和资金反复使用该产品。在数字化转型中，为了提升客户黏性，背后的算法往往都采用类似的模型。比如海外版抖音 TikTok，在 2020 年被美国制裁的时候，其在美国的下载量在 2020 年 4 月底就已经累计达 1.65 亿次，而美国总人口只有 3.3 亿。2021 年 9 月 27 日，TikTok 宣布，其全球月活用户数量达 10 亿，这就是上瘾性算法的厉害，数字化的目标就是实现这种人带人的病毒式营销。

数字化要大量用到个人客户的数据，数据的采集和处理一定要全流程合法合规，需要符合《消费者权益保护法》《中华人民共和国个人信息保护法》等法律要求，使用数据进行算法推荐，还应该符合《互联网信息服务算法推荐管理规定》等规定。

（三）数字化变革业务决策依据

数字化在决策端的变革是，以往是专家决策，经验主义比较浓厚，数字化时代的决策将变成有着先进算法的人工智能决策。

比如 2017 年初，一位化名“MASTER”的九段围棋高手在网络上几乎把围棋界的高手都赢了一遍，包括当时世界排名第一的柯洁，还有古力、常昊等名家，最后的战绩是 60 胜 0 败 1 和。而唯一一场和棋还是因为棋手掉线系统自动判和，并不是棋盘上的局势真的势均力敌。这个 MASTER 就是当年三胜柯洁的 AlphaGo 的升级版。2017 年 10 月，DeepMind 公开了最新版本的 AlphaGoZero，此版本在与 2016 年 3 月版的 AlphaGo 的对阵中取得了 100 : 0 的战绩，并且在训练中未使用任何手工设计的特征或者围棋领域的专业知识，仅仅以历史的棋面作为输入，其训练数据全部来自 self-play。这就是人工智能的厉害之处，随着算力的提升，它可以穷尽每一种可能的情况，是全概率，而不是人脑决策的那种站在巨人肩膀上追求大概率的可能。

数字化变革就是要做人工智能的算法决策，不再依赖外行拍脑袋决策或者专家根据以往经验决策，如果对手是人脑决策，就会像下围棋一样，被人工智能降维打击。

2022年2月19日，据CNBC报道，特斯拉车险业务已经覆盖亚利桑那州等美国5个州，预计年底将达到45个州。特斯拉的传感技术可以抓取用户开车的行为数据，比如是否习惯夜间开车、与前方车的车距如何、每次开车大概多久等等。将这些数据放到后台通过具有人工智能进行智能定价，人工智能的算法具有自主学习和主动进化的功能。对于开车习惯好的客户，保费就比较低，反之就比较高。数字化改革讲求数据驱动，是因果关系的数据驱动，而不是相关关系的数据驱动。对于一般的保险公司定价，往往根据以往的理赔金额判断今年的定价，偶然因素很大，相关关系大于因果关系。而除去外部的不常见的不确定因素，用户的开车习惯才是造成车祸的最直接因素。鸿蒙系统也有这种提取开车行为数据的功能，所以华为将来开展智能电动汽车周边服务会很有优势。获取到独家数据后就可以进行降维打击，流量产品定价一般以成本价加5%作为最终的定价，保险的成本往往就是精算师算出的风险控制的成本，这样精准风控的最低价打击其他保险公司的定价就是降维打击。人工智能定价也容易导致大数据杀熟，侵害消费者权益，创新一定要在合法的前提下去做。

（四）数字化仿真大幅节省企业研发费用

数字化可以推动采用数字化仿真技术来做实验，理论上，如果掌握一个物体足够的数据，再嵌入这个物体类别相关的性质和规律，就可以在计算机中复制一个虚拟的一模一样的复制品，这个复制品就叫作“数字孪生”。计算机甚至可以模拟它在各种类似现实条件下的反应，尤其是极端反应。

以汽车行业为例，汽车在研发出来需要做很多安全性实验，比如最常见的碰撞测试。在数字化仿真技术未成熟之前，都是不断用新车去碰撞，一辆车的安全要达标，可能前后要碰坏十几辆新车。而随着数字化技术的发展，数字化仿真技术在计算机中模拟的结果与现实中实际操作的结果相似度已经超过 99%。埃隆・马斯克的特斯拉是世界上市值最高的车企，它在 2021 年末的市值是 1.09 万亿元，排名第二的是日本的丰田，他的市值是 2547 亿元。而特斯拉 2020 年研发投入是 14.91 亿美元，丰田汽车 2020 年的研发投入是 103 亿美元，特斯拉只有丰田汽车的 1/7。为什么特斯拉的研发投入这么低呢？就是因为它大量采用数字化仿真技术来测试汽车的安全性能，在样车制造出来之前，可能在计算机软件中已经完成了成千上万次的测试。

传统制造业都是要先把样机制造出来才能模拟，而数字化带来的数字仿真技术，如果能够在样机出品之前就完成多次模拟测试，将大大提升制造业研发效率，降低研发成本。

（五）数字化转型大幅提升创新效率

数字化带来的模式创新落地在公司治理上，可以有效解决传统企业效率与风险之间的矛盾。数字化可以将公司内部各种智能模块封装起来，然后将模块搭建在平台上，当其中有一个有了突变，在被验证为效率更高或者效果更好后，平台会立刻向解决类似问题的不同区域的部门或者员工推荐新的解决方案，并且可以将新方案中的个性点与共性点解出。

特别是在外部环境多变的今天，如果是以个人经验，可能无法了解到外部形势的变化，但是数字化可以快速结合内外部形式，推送最先进的解决方案，而且将方案模块化，方便个性化定制。以前讲产品生产，大规模只能生产共性化产品，满足普通的生活需求，小范围定制又由于不值得投入资金重做生产线，导致小范围定制价格非常昂贵。而数字化改革后这种模块化组合的方式，可以很好地解决个性化低价高效率定制的问题，真正能够深入满足客户的各种个性化需求。

（六）数字化需要开放共享的文化及价值评价体系

数字化改革需要将山头林立、各自为战文化和对应的评价体系，调整为开放共享的文化及与之相适应的评价体系。传统企业各个部门就像一个个深井一样，大家不能及时共享信息，斯坦利·麦克里斯特尔在《赋能：打造应对不确定性的敏捷团队》一书中将其形象比喻为“深井病”。数字化改革需要参与其中的每一个部门、每一个人都能尽量共享自己最先进的案例，这样才能实现一个亮点照亮一大片。但是人是利益驱动的，如果给不到足够的利益，就会出现“搭便车”投机现象。

传统的 KPI 考核模式只能考核一个大概，而且是一种结果考核而不是价值考核，创造价值多的人往往会感觉吃亏。因此，数字化企业的考核应该多用积分制考核，有人使用案例、评价高、点赞高就会增加积分，同时在绩效管理中增加 OKR 与 KPI 协同使用，用 OKR 工作法来促进创新。

（七）数字领导力是数字化转型能否成功的关键

数字化变革要落地，高管团队需要区别传统领导力和数字化领导力。

数字化领导力的含义在于：一是一种变革领导力，需要找到合适的喜欢变革的种子选手，培养后投放到原来的传统业务土壤中，让他们生根发芽；二是需要互联网思维，对外深入地以客户为中心，具备连接客户后深入了解客户的能力，对内能够与员工打成一片，主动引领员工一起服务客户；三是善用 OKR 等管理工具，能够清晰地区别 KPI 与 OKR 的适用范围，并合适地使用这两种工具；四是拥有快速获得企业领域最新趋势与研究成果的能力，也就是求知欲与内驱力非常强；五是品牌塑造能力及文化塑造能力，通过社交媒体创造积极的品牌形象，强调企业文化的积极方面，擅长以自己的故事来引领团队积极投身数字化变革，带领企业文化由传统的保守文化走向合作共享得更加透明的数字化文化；六是深入理解数字、业务、客户、管理的原理，用好、支持好内行下属工作，避免外行领导内行。

（八）数字化改革需要敏捷化的项目团队

数字化改革需要精兵强将从业务部门抽离出来，组建专门的项目团队。这个团队，一是需要多个 π 型人才组成，业务人员懂 IT，或者 IT 人员懂业务；二是进入数字化项目团队的人员，都应该具备丰富的业务经验，这样在探索的过程中，善于发现机会，把握住商机进行突破；三是需要经常开展头脑风暴及“六顶思考帽”的方式去做方案，尤其要掌握“六顶思考帽”；四是自驱力及求知欲强，自尊水平高，脸皮足够厚；五是数字化项目团队的运转模式，可以参考增长黑客一章中所描述的增长团队的运转模式；六是团队内部尽量用大白话沟通，少用专业术语，拆除专业墙。

数字化的目的是反脆弱，所以大部分企业的数字化并不是将企业打造成明星，而是能够帮助企业快速地成为服务明星的不可或缺的支持资源，成为行业大势中不可或缺的一环。比如，现在餐饮行业连锁化是大势所趋，如果你直接去做连锁店，那失败的概率就会很大，因为“幂次法则”规定成功只有 2% 的概率，但是如果你去做餐饮行业连锁化的供应链，比如食材半成品加工，比如店铺装修、店铺设计、招牌设计、选址咨询等，那就不管前 2% 还是后 98%，都需要敏捷管理，敏捷团队最终是为这个服务的。因为敏捷团队不是极致团队，也不是行业极致长板，按照《孙子兵法》的理解，敏捷团队算“士兵熟练”“兵重属强”的范畴，其定位应该是公司极致长板的支持者和实现者。比如乔布斯做苹果手机非要一个键，敏捷团队可以努力实现这一个键的设计，但是无法提出这一个键的设计，提出的是极致的产品经理——乔布斯。

这里补充一个知识点：六顶思考帽。六顶思考帽是“创新思维学之父”爱德华·德·博诺（Edward de Bono）博士开发的一种思维训练模式，或者说是一个全面思考问题的模型。它提供了“平行思维”的工具，避免将时间浪费在互相争执上。强调的是“能够成为什么”，而非“本身是什么”，是寻求一条向前发展的路，而不是争论谁对谁错。运用德博诺的六顶思考帽，将会使混乱的思考变得更清晰，使团体中无意义的争论变成集思广益的创造，使每个人变得富有创造性。

（九）数字化改革推动企业找到合适赛道破内卷

2021 年 5 月 9 日《罗辑思维》讲了这样一个小故事，1941 年日本偷袭珍珠港，美国太平洋舰队的战列舰基本上被炸光了。但后来有历史学家说，美国这也算因祸得福，因为当时全世界海军都在犹豫，到底是继续发展战列舰还是发展航空母舰。日本人当时也有人也意识到航空母舰的重要性，比如山本五十六，但是，因为当时日本海军还有很多战列舰，所以调整速度很慢。美国就不一样了，战列舰在珍珠港全部被炸掉，只剩航空母舰，最后就干脆只开发航母的战斗潜力。另外珍珠港事件后，很多战列舰上的工作人员就被解放出来，转到其他地方工作，比如“加利福尼亚号”战列舰的军乐队，就被派去搞情报破译，没想到这帮音乐家干破译密码的工作还特别厉害。很多时候，过去成功的基石就会成为现在发展的绊脚石。当然，企业与军队还不一样，军队要打仗就必须保证赢，所以要保证站在全国科技的制高点。企业没有国家供养，总得先靠过去的传统业务有口饭吃，然后再思考一步步跨越至主要依靠新业务来养活。企业和军队有一点是相同的，那就是未来一定还得能打赢，所以必须坚持将站在巨人肩膀上又立足自我的改革变成一种文化，一直进化下去，因为未来都输不起。

为什么中国改革开放那么成功？是因为当年在邓小平同志领导下举国向国外发达国家学习，横下一条心搞改革，与发达国家互联互通。同样的，数字化也是不可逆转的时代潮流，需要一把手挂帅，将其当作重要的战略来抓，并与传统战略一起互补。

数字化由于投钱很多，如果没有很好的规划，很容易就变成消耗战和添油战术，如果只是跟在其他竞争对手后面，有样学样，那就是内卷。因为就那么多客户，大家投入那么多，投入方式也差不多，谁都没有多赢，只有数字化会帮助你嵌入到客户的、行业的数字化中。此时，你快速地找到一片蓝海，借助数据科学地推算出来，由于里面的竞争对手还都不怎么成器，所以前景一片广阔，这时候把战略资源压上去，用赛马式去做进去，搞三个团队互相竞争，分别做，看谁先做出来。就像当年腾讯开发微信一样，做进去后搞海盗式扩张，占领了再修城墙，加固护城河，这样数字化才能帮助你破了内卷。如果你的企业正在被竞争对手逼在死胡同内卷着，那数字化应该就是很好的一条突围之路，就像当年中国的改革开放一样。全行业、全国乃至全世界都在搞数字化的时候，这时候将你的数字化融入到大环境的生态中去，就更容易清晰且确定地找到自己合适的突围赛道，与大环境一起协同共生。

十八、如何用低成本实现指数级增长

（一）增长黑客理论：营销体系四要素

美国硅谷很多互联网企业从创业开始很快就积攒了非常多的用户，比如 Facebook 创办于 2004 年 2 月 4 日，2012 年就达到了 9 亿用户，他们都使用了增长黑客的方式实现爆发式增长。美国的肖恩·埃利斯在硅谷被称为“增长黑客之父”，他曾经扶持多家企业实现高速增长，他在和摩根·布朗所著的《增长黑客》一书中详细地揭示了增长黑客的方法论。

中国企业目前绝大多数都在搞数字化转型，但是比起美国企业，中国企业在数据的理解和使用方面明显存在差距，主要体现在对数据的巨大价值以及数据揭示的含义认知不够深刻，未构建数据驱动的体系和方法，没有用数据真正地去指导整个企业的运营，另外对分析工具的使用不够擅长。增长黑客的方法可以有效帮助中国企业用数据驱动实现爆发式增长。

增长黑客是一套完整的精准、低成本、高效的营销体系，它主要包括四个要素：增长团队、好产品、增长战略及快节奏试验。

增长团队包括一个增长负责人，以及一个或者多个产品经理、软件工程师、数据分析师、营销人员等组成，其中，软件工程师需要具备对科技的信仰，也就是坚信科技可以改变世界。建立增长团队的目的就是脱离传统企业各个部门互相之间不联系形成的一个个筒仓，也就是解决《赋能：打造应对不确定性的敏捷团队》一书中提到的“深井病”问题。增长小组要向高层负责，要么直接向CEO负责，要么直接向负责增长的副总裁负责。

增长黑客的支点是必须要有经过验证的好产品。现在的营销理论已经不同于以往，而是从广告、搜索、社交媒体等多维度到专注客户体验。所以这个好产品不光指功能上没有缺陷，更重要的是要有“啊哈时刻”。什么是“啊哈时刻”？“啊哈时刻”就是客户使用产品后能够刷到自己存在感的时刻，也就是令客户“眼前一亮”的时刻。比如，美团的大众点评网Yelp最早做城市搜索，但是被做其他城市搜索的巨头压制得非常厉害。后来Yelp的创始人团队发现，相当多的用户在用网站上一个不引人注目的功能，就是用户用来发布对当地商家的评论。随后Yelp团队就把“评论”功能置顶，结果发现用户在激增。与此同时，他们又在网站上发布了旧金山湾区2000万家小商家的资料，并且增加独立用户评论，最后网站成功实现了爆发式增长，而这个评论就是Yelp网站的“啊哈时刻”。

增长黑客需要有一个杠杆，就是“北极星指标”。北极星指标就是指真正能够决定成败的指标，也是真正能够衡量自身健康程度的指标，与之相对的指标是“虚荣性指标”，虚荣性指标是来自外行的供大家评论的指标。比如招商银行的两大手机APP——招商银行和掌上生活，月活量就是北极星指标，而很多外行领导内行的企业会将日活量作为指标，日活量并不能真正反映用户对App的使用程度，而且反映的信息都比较碎片。但是，日活量在吵架的时候在外行看来比月活量显得更牛，这就是内卷。北极星指标需要每一个企业自己去寻找，其他竞争对手的指标只是参考。北极星指标不是一成不变的，而是随着企业的发展需要不断变化，比如，Facebook 了解到如何提升用户参与度后，北极星指标就由月活的人数变成了活跃用户人数，因为活跃用户的人数更能反映用户体验。北极星指标需要着眼全局，因此可以由几个核心指标换算得出，比如北极星指标 = 核心指标 1 × 核心指标 2 × 核心指标 3 ×……。这样通过北极星指标就一下子抓住了重点，接下来找到明显不足的核心指标进行提升，就可以迅速提升北极星指标引爆增长。

增长黑客需要有节奏的快速试验，增长黑客的巨大成功往往来自一连串小成功的累积叠加，属于指数型曲线增长，也就是所谓的“量变引起质变”。搞计算机的人都知道有一个“摩尔定律”，即当价格不变时，集成电路上可容纳的元器件的数目约每隔 18 个月到 24 个月便会增加 1 倍，性能也将提升 1 倍。“摩尔定律”背后的原理就是，每次产品迭代对应的制造工艺也在迭代，所以大家的迭代结合在一起，站在巨人肩膀上创新就满足“乘数效应”。增长黑客的试验循环包括分析、提出想法、排定优先级、测试。肖恩 · 埃利斯创造了一个公式：购买欲 – 摩擦 = 转化率。所以分析，一是找到购买欲强的客户；二是找到客户购买的摩擦点也就是体验不佳点。提出想法是对产品或者营销方案提出改进思路，这个过程关键是不设限，因为很多伟大的产品都来自看似荒唐的想法。排定优先级是对想法打分，选出大家普遍认为效果会更好的想法。测试是看看新想法是否行得通，然后进行总结，哪些好的做法可以留存，哪些不可以，最后在此基础上继续分析，进入下一个流程。

什么样的客户购买欲高呢？增长黑客提出通过产品不可或缺性调查，重点寻找产品还不好的时候就对产品很忠诚的客户。提高增长速度首先是找到这种客户同类的客户，也就是真正的目标客群，目标客群不是产品经理自己想象的，而是那群更需要你，更爱你的客群。其次是通过这个客群找到产品的啊哈时刻，之后再重新对产品进行定位，这就实现了互联网思维的与客户一起做满足客户个性需求的产品。

（二）增长黑客实战：漏斗模型四环节

在实战部分，《增长黑客》一书提出了漏斗模型，这个模型有四个环节，分别是获客、激活、留存和变现。

获客环节关键是优化成本，扩大规模。他需要将被验证的“啊哈时刻”变成一句打动人心的广告语。研究表明，所有现在人类对一条新信息的平均注意力只有 8 秒，而 2000 年是 12 秒。所以现在所有商家都在聚焦场景营销，而场景的本质就是用户的注意力。吸引注意力需要一句话描述“啊哈时刻”。比如，2001 年 iPod 的广告语“将 1000 首歌放进你的口袋里”。为了测试哪个获客方案更好，增长黑客提出了著名的 A/B 测试，就是对同一个效果的两个方案分别进行测试，根据关键指标去打分。

激活环节思考的是如何让用户真正去使用产品，也就是如何让客户尽早地体验到啊哈时刻，让产品真正的价值点尽早在客户面前暴露。激活环节需要重点关注客户的摩擦点，确保客户使用顺滑，最好一下子就能滑到产品为客户准备的坑里（“啊哈时刻”）。增长黑客还提出了反转漏斗的概念，就是我们常见的会员免费试用。

留存环节关键是确保更多的客户成为忠诚客户。留存分为初期留存、中期留存和长期留存。其中初期留存体现的是客户黏性，背后的原理是不断吸引客户提升使用频率。它需要不断找到用户的流失结点并通过调研找到流失原因，然后用激活环节的办法，不断改进客户体验。新鲜感褪去就进入中期留存，中期留存的核心是培养用户习惯，让用户在产品使用中获得满足感和掌控感；长期留存的核心是确保给客户带来更大的价值。团队必须试验各种方法不断完善产品，帮助产品开发团队升级现有功能或者推出全新功能，这个阶段最重要的是让用户不断重新认识到产品的不可或缺性。为了顾及忠诚度较高的老用户，需要在扩展产品边界时控制好节奏，不能太快也不能太慢，让用户始终保持一种期待感。现在的好产品都在不断开发产品的精神属性，不断给客户提供情绪价值，不再仅仅满足于痛点的满足，而是不断满足客户的痒点和爽点。

变现环节关键是提升客户收益率。变现环节首先要根据用户旅程绘制基本路线图，在这个路线图中标出从获客到留存的整个过程中所有可能从用户身上盈利的机会，还有阻碍盈利的机会，比如摩擦点。其次将用户分成不同群体，根据同类群体的购买上限进行个性化推荐，比如卖书的网站，针对购书偏好相似，同价值观同年龄段的客户，对同一个新书有30%的人购买了，就可以主动推荐给剩下的70%，甚至可以派发一些购物券推动其购买。个性化推荐需要满足消费者权益保护法等相关法律的要求，避免大数据杀熟。

增长黑客带来迅速地变革，但是在企业内部，往往会引起员工的不安全感，而且增长黑客要求不断排定优先级，也会影响员工的自尊心，这时候需要领导者做好三件事：一是不断以身作则培养员工的大局观，而且不断给作出贡献和牺牲的员工以奖赏；二是不断用数据说话，证明排序决策的正确性；三是不断成功以化解矛盾。

增长黑客的方法曾经帮助Instagram、Airbnb、Uber、谷歌早期的时候一个月十倍的速度增长。在各家企业都在做数字化转型的今天，增长黑客的方式或许可以帮助更多中国企业认清自己未来的道路，实现爆发式增长。要知道在这个竞争激烈的时代，增长就是企业的生命线。《增长黑客》一书披露《哈佛商业评论》上一篇关于增长停滞的文章指出，一项大规模研究发现，87%的受访企业都经历过一次或多次急剧增长放缓的情况，而且在增长停滞的前后10年间，公司市值平均会缩水74%。

十九、如何更好地与新生代相处

（一）你是否也在为不开心就辞职的年轻人而苦恼？

首先为了便于描述，将 90 后、95 后、00 后统称为“新生代”。新生代与 90 后之前的每代人生长的环境都大不一样。随着中国改革开放的发展，新生代父母的财富越积累越多，所以他们从小生活物质丰厚，因此，他们精神需求也就更加旺盛，为了避免不同年龄以大欺小，避免长者经常教训他们，把他们当工具，因此每隔几年他们就会自己形成封闭的圈子，做物理隔离。因此年龄之间相差几岁都会造成思想认知的不同，每代人都有各自的想法，这就是“代沟”，他们发展到无法互相理解的状态，新生代人甚至会产生停止成长或者巨婴现象。心理学研究表明，如果物质不匮乏，交友自由，那每个人都只愿意与自己性格相似的同龄人平等交往，所以新生代的特征往往就是像一捆捆柴火一样，在各自的小圈子里面生活。这样导致的后果就是他们的共性越来越少，个性越来越深，只有从小到大与他们一起生活的人才能真正深入地懂他们。从心理学角度来看，由于新生代人个性太分散，心理学也无法深入研究并做揭示，即使研究了几堆人，覆盖率也上不去。从商业的角度来看，传统产品和服务生产厂商对他们的理解不够深，导致生产的产品往往入不了他们的法眼，企业如果想提高他们收益，就必须找到与他们一块长大的小姐姐小哥哥们，让他们设计符合他们审美的个性化产品。而从管理员工的角度看，由于物质不匮乏，他们几乎没有痛点，他们不认同等级，也不能忍受负面评价甚至批评，他们的痒点和爽点又很有个性，企业想批量正向激励他们也变得很难。大家普遍认为的管理往往就是针对员工痛点的管理，所以对新生代管理成了令很多先进企业头疼的问题。

2019年底，我有一次听邓斌做“华为管理之道”的演讲，就问邓斌：“任正非先生在管理新生代上有什么好的办法，能够让新生代在华为展示出他们的独特价值？”当时邓斌回答我说：“你问了一个迄今为止，任正非先生都没能很好解决的问题。”他还说，以前华为喜欢招聘农村出身的名校学生，因为他们抗压能力比较强，结果现在农村出身的名校学生越来越少，而现在的新生代很难要求他们去承担压力，他们遇到一点压力就撂挑子不干了。

现在有一个企业明显在管理新生代方面一枝独秀，甚至在短短时间内就让新生代创造了比老一辈大得多的经济价值，那就是字节跳动。字节跳动5万名员工平均年龄只有28岁，抖音、多闪的项目主管都是90后。由于字节招聘的都是极致人才，又因为他们都是从小娱乐长大的一代人，所以他们更懂娱乐，他们设计的产品就凸显了极致的娱乐性，获得了全球年轻人的青睐。而字节跳动之所以管得好，在于字节跳动根本没有管理，它就是一个类似《赋能：打造应对不确定性的敏捷团队》一书讲到的，小团队组成的大团队，或者说它就是一个组织。字节跳动发展得快就是得益于

OKR 与飞书带来的员工个人愿景与组织愿景的对齐，然后一起快乐地协作达成愿景，一起快乐地分钱就 OK 了。史蒂夫·乔布斯曾经说："不要雇用聪明人，然后告诉他们去做什么；而是要让他们告诉我们，应该做什么。"字节跳动的员工要做的事情，往往都是自己根据组织的 OKR 选的。字节跳动为了避免员工论资排辈，取消了工号。除此之外，他们也取消了职级和等级概念，起码保证在工作中是很难被察觉到的，这就是为了保护新生代员工的工作积极性，也是为了保护企业的创新，这二者是统一的。

（二）游戏化流程设计，帮你带领年轻人玩出好业绩

为了更好地理解新生代，我们需要先了解一个词，叫作"二次元"。

什么是二次元？我们生存的世界是一次元，被人所想象的虚拟世界就是二次元。比如武侠小说、言情小说、电视剧、动画片、游戏等曾经创造出的一个个虚拟世界，让读者、观众或者玩家深深沉迷其中，幻想自己就是剧中人，这其实就是二次元。因为在现实中不可能每个人都成为皇帝、英雄、公主、格格，但是在想象出的那个虚拟世界，人人都可以变成自己想成为的人，过自己想过的生活。新生代以前的人，虽然生活中也伴有自己的幻想，但是因为从小物质比较匮乏，吃饱肚子才是头等大事，所以幻想归想想，还是要回到现实中来奋斗，做不得不做的事情。而新生代不一

样，他们从小不缺少物质，每天的生活就是以满足精神享受为主。对于老一代人，他们在生活中接受的教育都是忆苦思甜、艰苦奋斗、压抑情绪、延迟满足，所以总是习惯先苦后甜，吃苦耐劳。而新生代多数承压能力比较弱、无法忍受延迟满足，因为他们所接受的精神产品，已经让他们欲罢不能，比如王者荣耀，可以让他们很快地获得快感，而且在游戏中，他们几乎是无所不能的。所以要用好 90 后员工需要深刻理解二次元，游戏化设计工作场景，让他们就像在现实中打游戏一样，玩着玩着就把工作做好了。

著名未来学家、世界顶级未来趋势智库“未来学会”游戏研发总监、TED 大会新锐演讲者简·麦戈尼格尔，在他的新书《游戏改变世界》中揭示了游戏的四个要素：目标、规则、反馈系统、自愿参与。其中，“目标”指游戏最终要达成的目标，很多游戏对应的都是拯救世界的目标，著名末世背景的战略游戏《独立日》，目标就是与外星人对战拯救地球。“规则”就是游戏中的限制，比如对应街机《名将》等通关类游戏中每个人物的技能以及如何打败敌人，如何拿起武器，如何补血等等。“反馈系统”指游戏中人物目前已经做到的与目标的差距，游戏一般都是即时反馈，当游戏中的人物完成一件事情，很快就将结果告诉你；“自愿参与”指要参与游戏不能强迫，玩游戏的驱动力都是自驱力。

目前学术界对于人类为什么会喜欢游戏，或者说希望从游戏中获得什么，主要存在以下三种理论：一是基于情感动机相关理论的心流理论、自我效能或自我决定论等；二是基于行为理论的强化理论、技术接受模型等；

三是基于学习相关理论的认知负荷理论、社会学习理论等。用心流理论解释游戏化，强调达成高效专注的游戏体验。用上瘾模型解释游戏化，强调让用户不断的长期使用，上瘾模型是触发→行动→奖赏→投入→触发。

目前已知的针对新生代好的工作模式和营销模式只有游戏化场景设计，将枯燥无味的工作，以及对新生代客户的营销都演变成升级打怪的游戏。那如何设计这个游戏呢？

首先，给工作设计一个宏大的愿景，当你有一个宏大的愿景，不光会让员工觉得工作很有意义，还会产生很强的自驱力，最重要的是让所有可能因此受益的路人，都会加入我们的队伍中来，帮助我们成功。比如，PayPal 在创立之初的愿景是改善第三世界人民的生活。谷歌在创立时，创始人拉里·佩奇和谢尔盖·布林提出的愿景是整合全球信息，人人皆可访问并从中受益，所以为此受益的普通人也愿意帮助他们成功。就好像唐僧师徒西天取经一样，路上虽然有很多妖怪，但也有很多菩萨愿意帮助他们，以修自己的功德。为什么有的企业是指数型增长，而有的企业是线性增长呢？最重要的一点就是，你的企业要做的事情，有没有成为很多人自己的事情，是不是与很多人自己的利益休戚相关，如果真的是为了解决大家的痛点，那大家都会自愿加入其中，企业就会很快成为指数型增长，否则只是企业自己的事情，那就是线性增长。“得道多助，失道寡助”，说的就是这个道理。

其次，给工作设立规则，明确奖惩，要懂得换位思考，让员工觉得可以接受，觉得很公平。从年轻一代接受负面反馈承受能力比较弱的角度分析，规则应该以奖励为主，惩罚为辅，最好具有上瘾的特征，让员工像在游戏中一样，根据企业的反馈系统和核算系统，自组织、自运行。上瘾行为有一个特征就是多变的筹赏，多变的筹赏就是指尝试过程中，多变的正向反馈，有点类似赌博，不确定性引发员工的征服欲和好胜心，随着员工投入的增多，让客户获得更多的存在感、认同感、价值感、爽感等，再有很多社群因素的加入，提升员工的归属感。如果做不到这些，也可以用人工干预的方式来运行规则。当他做错事的时候要区分他是不喜欢做，还是喜欢做却由于经验不足或其他原因没做好，同时多表示理解和安慰，在工作上限制他从事他不擅长的事情。当他做对事情的时候即时反馈，给他成就感，按照他喜欢的个性方式去奖励他，比如发个奖章之类的，激发他的好奇心，给他新的更重的任务。同时增加社群属性，员工可以选择加入自己喜欢的战队，战队可以拥有自己的个性化道具、虚拟形象等。战队之间也可以互相支持、互相协同，受到其他战队帮助的时候还可以支付一些类似小鱼干似的货币。

再次，构建即时反馈系统。即时反馈对应的其实就是存在感。每一个人毕生的追求就是不一样的自己被全世界看见。存在感就是优越感和自我价值实现，微信最早推出《全民飞机大战》的时候，微信的朋友圈几乎都沸腾了，大家争先恐后不分昼夜地“刷分”。对于个性化需求比较旺盛的新生代员工，需要根据他个性化的需求去定制反馈系统，总而言之就是诱导为主。

最后，不要强迫他们做不感兴趣的事情，甚至不要幻想等他们年纪大了就会主动变成现在80后的样子，改变童年的记忆是一件非常困难的事情，让一代人去集体改变几乎是不可能的。

在远古时代，男性负责打猎，所以适合喜欢玩搏斗、策略等电竞类游戏，女性负责缝缝补补、整理家务和采摘，适合玩打扫、整理及社交类游戏。游戏设计要避免形成鄙视链，很多人到游戏中逃避就是因为现实中总被鄙视。游戏可以分为目标导向型和自由玩乐型，男性更适合目标导向型，女性更适合自由玩乐型，这两种类型都需要具备容易上手，但是很难成为高手的特征。

与前文提到的经典的上瘾模型类似，著名心理学博士亚当·奥尔特（Adam Alter）在《欲罢不能》一书中提出了另外一个经典的让人上瘾的六种设计手法：1. 诱人深入的目标；2. 轻而易举地进步；3. 大张旗鼓且不可抗拒的反馈；4. 逐渐升级的挑战；5. 不可预见的悬念与未完成的紧张感；6. 令人痴迷的社会互动。在策略游戏中，有一个分支是4X框架游戏，4个X指探索（eXplore）、扩张（eXpand）、开发（eXploit）、消灭（eXterminate），这四个词汇反复去说，各位读者内心中有没有按耐不住的冲动，对，这就是人心中的野心。

目前工作场景的游戏化设计还处在初级阶段，市面上几乎没有好的书籍和课程，也就是说这是一个空白点，增长源于空白，所以呼唤更多相关领域的有志之士组成团队尽快来拓展。当更多的员工在工作中找到游戏的乐趣，对工作上瘾了，他就不打游戏了。关于常见经典游戏的特征以及对应场景设计中可以学习和借鉴的地方，我制作了下表，供各位读者参考：

表19-1 世界经典游戏特征分析

游戏名称	游戏特质	游戏化工作场景设计
开心消消乐	简单，满足女性喜欢打扫的特征，不用对战，时间短，随时随地解压，多个点一起爆破，有很强的爽感。	适合为比较佛系且有一定强迫症倾向的员工设计类似场景，适合简单且重复的工作
动物森友会	模拟现实度假世界，给玩家足够的时间和金钱去装扮小岛，可以跟萌宠对话，一个没有暴力的世界，小动物最多生气了发一发脾气离开你。像《桃花源记》所描述的世外桃源一样，一个只有美和爱的地方。	适合为内心比较简单纯粹，不喜欢压力，不喜欢钩心斗角的的员工设计类似场景。也适合工作有疲惫感的员工调岗来类似场景中边工作边休息。
我的世界	沙盒游戏，UGC（用户生成内容），也就是就像乐高积木一样，满足人性自我价值实现的需求。	适合为创造力、自我价值实现欲望比较强的员工设计类似场景。
王者荣耀	日活最高超过1亿，强大的社交功能，易上手。截止目前最经典且最吸金的MOBA游戏（5V5对战游戏），不是一个人的王者，而是团队的荣耀。门槛低，而且爽点多，有大量女性玩家，导致男性、女性形成的社群热闹非凡。满足三近一反的特征,即地域相近、兴趣相近、年龄相近、性别相反。游戏玩家评价低，但是用户评价高。IP都是从小学和初中课本上挖下来的，用户易于接受。	社群营销工作都可以在此游戏中深入学习汲取营养。

续表

游戏名称	游戏特质	游戏化工作场景设计
狼人杀	谎言与侦破满足底层人性，人在很小就会说谎，而且侦破就源于人渴望控制他人的控制欲。道具很简单，团队成员的随机性带来游戏的易得性，随时随地、线上线下都可以来一局。	适合审计、经侦或者稽核类工作场景模拟。
堡垒之夜	“吃鸡游戏”的代表作，具备建造元素，用户可以自我价值实现，可以拆墙，也可以造墙，满足了玩家的掌控感和创造欲。画风都是比较经典的卡通画风，很长时间都不过时，更新速度快，而且奖赏设计很特别，只需要投入一点资金就可以让玩家觉得收获非常多，玩家沉淀的时间越多，成为付费用户的概率就越大。	适合单人竞赛类工作场景模拟，也适合大型营销场景使用，尤其是在陌生人多有氛围的场景中，把声势造起来，容易成为大家关注且议论的焦点。
绝地求生	“吃鸡游戏”的鼻祖，起源于电影《绝地求生》，100个玩家被空投到一个小岛上，跳伞的位置可以自由选择，具备一定掌控感和随机性，通过捡取岛上的武器，互相搏杀，最终决出唯一的胜者。	
文明	经典的SLG游戏（回合策略游戏），经典的4X框架游戏，玩家可以选择做领导人，可以选择罗马等几十个国家的首都建立都城，可以选择政体，比如君主立宪制等，可以在自己的国家开矿、种地、修路、造船等等。如果治理不好城市，当城市中不快乐的市民多于快乐的市民时，国家内部就会暴动，这时候还要智慧的平复暴动。还有内战、扩张、贸易、科技、构建世界奇观、军事征服、外交等模拟现实世界国家或者城邦治理的因素。每一个人都可以在这个虚拟世界尝试去治理一个城邦，尤其满足了国人“王侯将相宁有种乎”的精神寄托，所以游戏玩家玩完了，口头禅往往是“再玩一局”。目前最新的版本《文明：太空》已经模拟了探索及殖民外星球的情景，与埃隆·马斯克的火星移民的思路不谋而合。	未来与元宇宙建造相关的工作，可以模拟类似的工作场景。大型平台化企业工作场景，可以参考借鉴此类游戏。

（三）如何把产品卖给多金又任性的新生代？

在2010年之前，那时候的产品对用户精神需求的满足更多是尊重需求。换句话说主要是对应阶层的身份感和优越感，哪个身价的人就买哪个身价的产品，身价高的产品就横扫一切身价低的产品，比如，国外的CHANEL（香奈儿）、LV（路易·威登）、GUCCI（古驰），以及国内的意尔康之类的，再到一些杂牌子；再比如，Nike（耐克），国内的李宁、安踏、鸿星尔克，那时候人们购买产品是为了显示自己的身份，那些握有身份密码的品牌无论好坏都会让客户趋之若鹜。换句话说，你自己觉得自己牛不算，得品牌说你牛你才牛。而2010年之后，渐渐地为了服务好新生代，个性化产品变得越来越多。个性化产品之间无法横向比较，用户之间甚至物理隔离，互相不搭理，而为了生产销售讨好新生代客户的产品，商家开始不得不低头，深入探究新生代的个性，努力与他们玩在一起。有很多老国货，也开始设计年轻人品牌，迎来了第二春，比如李宁牌。这时候就是，品牌自己觉得牛不算，得年轻人说你牛你才牛。

为什么一定要赢下新生代客户呢？现在80后设计的产品卖给95后，基本上卖不出去。而且80后正在度中年危机，上有老，下有小，一部分人有保障，另外一部分人则无稳定收入，如下岗送外卖，他们对消费相当谨慎，更多的是充满危机意识而不断存钱投资买房，所以他们的钱其实很难赚。70后的钱都留给他们的孩子了，而且他们那个年代的人物欲不高。60后、50后生在艰难岁月，天生就不会乱花钱，所以他们的钱更难赚。随着企业“招聘35岁定律”的盛行，目前的消费主力将聚集在18岁到30岁之间。

抖音申晨营销学申晨老师在2021年6月15日的短视频披露：目前95后（Z世代）消费人群占中国总消费人群的18%，但是他们的消费占了35%。2020年腾讯大数据告诉我们年轻人最爱的偶像，是秦时明月的盖聂、魔道祖师的蓝忘机、全世界第一个虚拟偶像初音未来，中国版初音未来洛天依都在肖战、王一博的前面。中国核心二次元用户1.47亿，这些人在自己的虚拟偶像上面每年消费超过2000元，合起来就有近3000亿。上海本土有个IP形象原神，有游戏有漫画，KFC出了一个原神全家桶88元，里面有11块鸡肉，客户把里面鸡肉吃完后，再用纸把桶里面所有的油擦干净，这个桶在闲鱼上可以卖300元。这就是中国年青一代的精神追求。五菱宏光3万元的敞篷跑车，迎合年轻人，卖了100多个亿，甚至一听年轻人说车上有个钩就好了，可以挂外卖，就立刻加了钩子。由于价格便宜，甚至有顾客希望集齐各种颜色，所谓集齐七七四十九款，年轻人根本不会觉得3万元的五菱宏光会比宝马奔驰丢面子，因为他们眼里只有喜欢和不喜欢，没有所谓的“等级”。2021年2月，网络上出现了一个东西叫“菜狗”，从表面看像一颗大白菜，可是菜心的部位又放着一个狗头，菜的下方有狗的四肢，在网上众筹28天卖了1390万元，为什么这么受新生代喜欢？其实就是一个谐音梗，“菜狗”的意思就是玩游戏技术差，又菜又狗。

根据《2020 年下沉市场人群洞察报告》数据统计，以县城青年为主的下沉市场用户规模，高达 6.7 亿，占总用户的 54.3%。这部分人平均消费增速远高于一二线城市，更有 70% 的县城青年愿意花掉 80% 的收入用在消费上，而且县城青年一般有家有业，不必考虑房子车子。《2020 腾讯手机行业洞察白皮书》显示，83% 的县城青年家庭拥有房产，67% 的家庭拥有汽车，平均每月可支配收入 3730 元。

因为新生代不喜欢压力，而我们的传统营销会给他们带来压力，一见面就是有目的的，所以不会有好的效果。他们是网络“原住民”，对他们的营销还是应该以线上为主，通过小红书种草、吸粉、变现，他们付费意愿比较强，愿意为喜欢的数字娱乐内容付费，爱动漫、爱拍照、爱游戏、爱社交，所以为他们设计产品一定要有社交属性。B 站，小红书都是年轻人比较喜欢的媒体。

任何一个行业在 2020 年都已经跨入了 90 后时代，甚至有的已经到了 00 后时代。这个时代最大的机会就是消费升级，一切品牌都会为年轻人重做一遍，比如他们开始戒掉可乐，开始喜欢元气森林，这对很多企业来说既是灾难也是机会。

现在的居民消费趋势场景化。更多细分消费群体的出现，催生了全新消费场景，例如懒人经济、运动经济、颜值经济、萌宠经济、娱乐经济等。针对各类细分群体的特点和需求衍生而来的场景化服务，有望催生出万亿级别市场，同时推动产业链条上其他相关上下游企业的变革转型。以萌宠经济为例，宠物与人的需求基本上相似，从吃饭穿衣，到去医院美容治病，整个产业链条每一个点都非常有未来。现在的人因为压力过大而充满戾气，宠物就成了最好的伴侣，很多年轻人会选择不结婚而养一只宠物，就因为充满对人的不信任。

一个人选购产品确定一个品类需要一个理由，即满足肉体需求，但是还需要一个借口，这个借口确定一个品牌的一个产品。借口满足的就是深层次需求，往往与用户的潜意识有关，与他的童年有关，所以如果与用户没有共同童年，很难做出触达其潜意识的产品。有句话讲的是幸运人一生都在被童年治愈，不幸的人一生都在治愈童年。讲的就是一个人小的时候是没有自我的，自我概念的形成主要来自童年的环境及他人的反馈，等他长大了，其内在的自我完整形成了，就会有意识地捍卫那个内在自我。那个自我如果在童年形成的时候不健康，长大了就会一直受挫。因此只有童年环境相似的人，才容易陪伴彼此深层次的孤独，满足彼此深层的需求，这些需求没有相同经历的人是看不出来的。很多情侣在外人看起来是极不相配的，但是从潜意识角度分析，他们是互相满足需求的，所以能在一起很久。在未来，每一代人都会更加让“非我族类”摸不透，但每一代人都是 18 岁到 30 岁的时候最舍得消费，所以年轻一代永远都是未来的大势，而消费型生产企业要想长远赚钱，只有形成物理隔离的一代人服务一代人的机制，才能不断赚取这最大、最美的一块蛋糕，这才是企业持久的生命力所在。就像百货大楼是给 70 后、80 后们 18 岁至 30 岁的时候准备的，现在没落了，直播带货是给 90 后、00 后们 18 岁至 30 岁的时候准备的，现在正兴起。

（四）两个面包的故事，你爱吃哪个？

2022 年罗振宇跨年演讲，提到一个关键词叫作情绪价值，什么是产品能提供的情绪价值呢？用桃李面包（见图 19–1）和分分鲜面包（见图 19–2）解释一下。

图19–1　桃李某面包的包装

看看这个桃李面包的文案，站在年轻人的角度，“美味小宇宙柔软巧心思”，这是在撩拨我的情绪：“爱哭爱困”，这就是年轻人的标签，压力大的时候，“我就是这样，这就是我”。再看看这个画面，面包是不是很有诱惑？还有其他的美好画面，是不是很有趣呢？小不正经，不严肃？看着这些画面就是无数个痒点，吃进去就是爽点。面包也可以有情感，有情绪，有思想，能交流，让客户精神和肉体都很愉悦。根据互联网披露的桃李面包的年报，2021 年桃李面包实现营收 63.35 亿元，归母净利润 7.6 亿元。

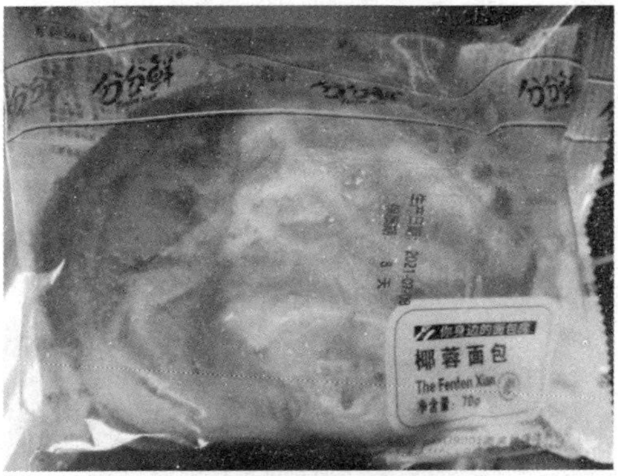

图19–2　分分鲜某面包的包装

再看看分分鲜面包的这个文案，与我小时候吃的面包差不多，没有精神需求的满足，而且分分鲜像是在向客户炫耀，有对抗的感觉，好像是我不得不买你。你身边的面包房，只有客观描述，没有情绪挑逗。

上述这两款面包价格差不多，都是 3.5 元，但是后者与前者相比，精神需求满足上差了非常多。从产品设计角度看，桃李面包很容易形成精神控制，对于精神需求旺盛的年轻一代，他们很难接受无法撩拨他们情绪的食物。像桃李面包的文案和包装，80 后、70 后们很难设计出来，只有新生代的同龄人们才能设计得好。我问过很多 80 后、70 后，他们有人喜欢桃李面包，有人喜欢分分鲜面包，有人认为这俩其实是一样的。我也问过很多新生代，他们的反应几乎都不会选分分鲜这款，原因是看着就不好吃。看起来跟吃起来不是两码事吗？在他们看起来是一码事，就是要给我带来开心。所以传统业务应对新生代市场，至少可以用文案和设计来专门为新生代设计一个有情绪价值包装。

两个工匠雕刻老鼠，第一个工匠雕得栩栩如生，第二个雕得并不像。当企业要宣布第一个工匠获胜时，第二个工匠提议让猫来鉴别谁雕得最好。结果猫喜欢第二个工匠雕的，因为第二个工匠用的是鱼骨。90 后又名“喵星人”，他们喜欢的是鱼骨老鼠，不是画得像的老鼠，也就是说，他们只在乎、只选择自己喜欢的东西。但是 70 后、80 后会认为画得像才是最好的，他们的目的是让周围人都夸一夸获得额外的优越感需求。所以成功的商人不一定是技术最好的人，而一定是最了解客户需求的人。

二十、如何赚取品牌的精神溢价

（一）给产品取一个好名字

名字是“咒”，在阴阳学里面是召唤的意思。一个人的名字往往代表其父母对他的期望，通过不断重复地叫，就会被刻在潜意识中。一个产品也是如此，要想产品卖得好，就要先给它取一个好名字。一个好的产品往往都有一个好听易记的名字，当用户遇到这个产品时，首先就会想到那个名字，那个名字就是用户认可的品牌。

（二）用品牌故事赚取精神溢价

品牌要学会讲故事，这样人们购买品牌的时候就会想象自己就是故事中的主人，这就是一个品牌带来的精神享受。据“中关村第一才女”梁宁在她的《产品思维三十讲》中的观点：一个品牌带给顾客的，30% 是肉体享受，70% 是精神享受，精神享受最高级就是传奇。茅台是传奇，香奈儿是传奇，LV 是传奇，王菲是传奇，华为是传奇，中国李宁是传奇。茅台的传奇来自那是中国红色革命转折的时候喝的胜利之酒。香奈儿的传奇在于香奈儿第一次给女性设计了裤子，在那个年代欧洲女性不穿裤子，还在于玛丽莲·梦露的一句“我只穿 Chanel No.5 睡觉”，还有香奈儿本人的那句为所有女人代言的那句话：“我不制造时尚，我就是时尚。”LV 的传奇在于据说泰坦尼克号沉船的时候打捞上来一个 LV 的箱子，里面竟然一滴水都没有。华为的传奇在于他被美国制裁后，从容不迫地拿出了他的“备胎计划”，甚至在孟晚舟被加拿大扣留的时候，依旧表现出像公主一样的大气温婉，表现出了中国这个正在崛起的大国精神。中国李宁的传奇在于中国年轻一代不用再像老一代人那样，用洋品牌提升自己的身份地位，而是非常自信地穿中国品牌，来表达一种油然而生的民族自豪感。中国李宁也会卖得很贵，即使如此也还有很多年轻人前去购买，它体现的是年轻一代真正的自信，不再需要通过穿让别人认可的牌子来让别人高看一眼。品牌的精神享受，其实对应的是目标客群精神上那个远远未被充分满足的需求，人们主动选择品牌，往往是希望品牌的精神属性给自己带来强大的精神力量，来对抗自己内心深处深深的自卑感。

品牌的传奇对于目标客户是流传的奇迹、奇妙和神奇，而对于非目标客户则是流传的奇葩和另类等。品牌溢价就是给高端客户创造高级的精神享受。低端品牌往往是带来情绪的安抚或者社群，比如泡泡玛特的盲盒，背后也是一种精神控制。潮玩，非主流艺术品，就像猫咪一样，摆在办公桌上给艰辛的生活一些小确幸，还有抽不到再试试的赌博心理，抽中了还可以炫耀，让小伙伴们都能看到，属于多巴胺经济，选品来自人气动画，还是二次元经济，一个小小的东西能聚集这么多精神满足点，客户当然觉得物超所值。比如小米这个品牌，背后代表了渴望颠覆、渴望尝试新鲜事物的、收入不高但是很自信的年轻一代。所以要想做好品牌，就要深入客户内心去定位，需要懂心理学。

正和岛在2021年的一篇文章《华为高增长的3大秘密！终于有人讲清楚了》里面提到了这样一个观点：用效用价值去定价锚定的是成本，而虚拟价值，也就是精神价值定价锚定的是客户的心理定位，只要这个心理定位能找到一个可以比较的参照物，客户就会按照这个参照物的价格付款。这篇文章还举了个例子，比如，钻石很久以来一直被视为一种炫耀财富的饰品，而在19世纪南非发现了大量的钻石矿，如果按照供需来看，钻石应该大幅贬值，变成一种普通饰品。这时候如何让价值摆脱这种供需的影响呢？“钻石恒久远，一颗永流传”！当钻石与神圣的爱情建立了关联，钻石的价格就对应了爱情的价格。华为为什么卖得这么贵？就是因为华为在跟苹果对标，华为的手机之所以越卖越贵，也是因为华为选择了与苹果手机锚定的策略，它在策略营销上不断将华为手机与苹果手机进行比较，不断通过华为手机，在某些性能上秒杀苹果来向客户植入华为手机超过苹果手机的概念，再通过“徕卡双摄”“保时捷”等品牌加持，让消费者觉得华为手机已经成了奢侈品。

所以，品牌的定义是传奇，赚取的是精神溢价，要靠价格来证明自己的产品。而只有低端产品，才用产品来证明自己的价格。

好的品牌故事需要通过好的广告方式讲出去，宾夕法尼亚大学沃顿商学院市场营销学教授乔纳·伯杰写过一本书叫作《疯传》，书中讲述了最常见的人传人的传播原理，我把它汇聚成下面的表格，供广大读者参考：

图20-1 产品疯传的原理

疯传的六种原因	传播方式	需求层次满足
社交货币	有助谈资，很有趣的事情，容易形成价值观共鸣。比如每天发生的国内外大事。	安全感、归属感。
诱因	环境影响。到了某种环境总得做点相称的事情。比如疫情期间谈论哪里又有了病人，防疫政策是什么。比如秋天的第一杯奶茶。	安全感、归属感。
情绪	高唤醒情绪促进传播。积极情绪：惊奇、兴奋、快乐。消极情绪：愤怒、焦虑。比如6月份以来受网迷广泛关注的唐山事件。	安全感、归属感。
公开性	人渴望模仿他人获得社会认同。比如做刘畊宏女孩，王心凌男孩。	尊重，归属感。
实用价值	省钱，独特的功能，身份。比如6月份以来大火的东方甄选，让低端人群占便宜，中产阶级人群有成长，贵族阶层共鸣利他价值观。	自我价值实现。
故事	很多人共同的经历，引发共鸣，品牌，传奇。比如东方甄选的董宇辉在直播中讲出他真实的艰难的人生故事，引起很多同样经历的客户的共鸣。	归属感，尊重，自我价值实现。

二十一、元宇宙——已经开始的无限的游戏

（一）元宇宙及其六大支撑技术

元宇宙的英文是Metaverse（音译为“曼塔沃斯”，汉语的意思是“元界”或“超元域”），本意是虚拟时空的集合。Metaverse的概念源于美国科幻作家尼尔·斯蒂芬森于1992年发表的科幻小说《雪崩》，书中描述的Metaverse是一个脱胎于现实世界，又与现实世界平行、相互影响，并且始终在线的虚拟世界。2021年3月，线上游戏公司Roblox第一次将“元宇宙”概念写进招股说明书，并成功登陆纽交所。4月，字节跳动斥资1亿元投资了被称为“中国版Roblox”的元宇宙概念公司代码乾坤。10月28日，美国社交媒体巨头脸书（Facebook）宣布更名为“元”（Meta），“元”字就来源于“元宇宙”。脸书创始人扎克伯格希望在未来用5年左右的时间，将Meta打造成为一家元宇宙公司。假设公司5年内“烧”1000亿美元且能够实现这个愿景，那么到时候它会成为一家全球性的垄断大公司，一旦形成垄断之后，该公司就能获得高额利润的回报。

元宇宙本身起源于二次元。随着区块链、VR（虚拟现实）、AR（增强现实）等技术的成熟发展，我们真的可以到虚拟世界中生活，创造我们想创造的虚拟世界，做自己想做的人，这个世界就是元宇宙。元宇宙需要依赖六种主要技术：

第一，区块链。作为物理世界与虚拟世界一一映射的基础设施，确定一个唯一的你，你可以在不同的虚拟世界有不同的分身，不同的分身在不同世界创造的所有价值，也就是数据，通过区块链进行确权。一旦确权后就变成了你的资产，然后在元宇宙就形成一个交易市场，可以对数据进行买卖。这与佛教所讲的六道轮回有异曲同工之妙，如何确定是同一个你在轮回呢？因为对应属于你的唯一的一个存在，这些经历体现在你的存在身上，就像你的业力。以元宇宙银行为例，一个人在虚拟世界赚得了资金，存入虚拟世界的银行中，在现实世界的银行中，可以取现。虚拟世界的银行与现实世界的银行账户之间可以无线互联，账户互转，可以为虚拟世界的场景单独设计理财及信贷产品。每一个人都可以冲破物理世界的局限，比如来自原生家庭的局限等，在那个虚拟的世界争取到更多的机会，体验更丰富的人生。而客户编号、账号的唯一性，需要区块链技术来确保。

第二，交互技术。交互技术包括 VR、AR、脑机互联等。给大脑装入芯片，就可以将脑海中的信息传入元宇宙，在元宇宙出来的信息，可以通过 3D 打印机打印出来，全息影像展示出来。以元宇宙银行为例，在未来虚拟世界与现实世界中银行资金的划转、客户数据的传输等，都需要交互技术。

第三，电子游戏技术。在元宇宙中设计各种游戏场景和生活场景，通过电子游戏技术设计场景与交互，给现实玩家一个与他相对应的数字孪生，然后玩家通过脑机连接到元宇宙中去扮演这个数字孪生，在电子游戏技术设计的场景中去生活、工作和游戏。

第四，人工智能技术。最初互联网的内容叫 PGC，即业家生产内容。之后到抖音，每个人都是内容的生产者，叫 UGC。第三个阶段叫 AIGC，就是人工智能产生内容，即人工智能通过大数据及一定的底层逻辑反复迭代，自动构建完整世界，这样人工智能会根据不断收集到的客户信息，为少量个性类似且优质客户批量量身定制产品。银行的数字化变革的根本就是从 PGC 到 AIGC，真正实现客户来做选择，而不是专家或者领导来替客户做选择。

第五，网络及运算。大数据会产生数据洪流，不仅需要 5G 网络运输海量数据，云计算提高算力，还需要边缘计算解决网络堵塞问题。2022 年北京冬奥会迎来了百年奥运史上第一个“云上奥运”，最核心的赛事成绩、赛事转播、信息发布、运动员抵离、食宿、交通等信息系统均已迁移至云上，云计算首次替代传统 IT，成功承载奥运的组织和运营。

第六，物联网技术。通过跨越时空的万物互联，打通虚实，将物理世界与虚拟世界相结合，从而构建一个元宇宙虚拟世界。

以上六种技术各自分别向前发展，在每种技术的发展中，元宇宙又牵引其他技术发展，实现协同发展。正是在这些技术的支持下，使元宇宙从多个元宇宙向统一元宇宙的演进成了可能。

（二）元宇宙是现实世界的虚拟孪生

百度对元宇宙的介绍是：元宇宙本质上是对现实世界的虚拟化、数字化过程，需要对内容生产、经济系统、用户体验以及实体世界内容等进行大量改造。但元宇宙的发展是循序渐进的，是在共享的基础设施、标准及协议的支撑下，由众多工具、平台不断融合、进化而最终成形。它基于扩展现实技术提供沉浸式体验，基于数字孪生技术生成现实世界的镜像，基于区块链技术搭建经济体系，将虚拟世界与现实世界在经济系统、社交系统、身份系统上密切融合，并且允许每个用户进行内容生产和世界编辑。

清华大学沈阳教授团队在2022年1月末发布的《元宇宙发展研究报告2.0版》中提到，元宇宙是整合多种新技术产生的下一代应用和社会形态。它包括三层含义，一是把目前的互联网从二维升级到三维；二是自然人、虚拟人和机器人的三者联动；三是通过经济规则的调整，实现元宇宙的创作者经济。

上海于2022年7月8日出台了培育“元宇宙”新赛道、促进绿色低碳产业发展、促进智能终端产业高质量发展三个行动方案，根据相关目标，到2025年，上海将争取元宇宙、绿色低碳、智能终端产业总规模突破1.5万亿元。其中，元宇宙产业规模达到3500亿元，带动上海全市软件和信息服务业规模超过15000亿元、电子信息制造业规模突破5500亿元。当天举行的上海市政府新闻发布会上，上海市经济信息化委主任吴金城表示，元宇宙是未来虚拟世界和现实社会交互的重要平台，是数字经济新的表现形态，潜力巨大。接下来，上海将重点实施“四个行动+八项工程”。其中，聚焦产业高地建设行动，上海要重点发力全息显示、未来网络、VR/AR/MR终端、3D图像引擎等方面，提升产业供给力。上海市发展改革委副主任裘文进表示，近期，上海市发展改革委会同相关部门已编制上海市数字经济发展“十四五”规划，将加强元宇宙技术从底层到应用全链条布局，重点发展数字孪生、扩展现实、智能人机交互、虚拟数字人等核心技术攻关，在可穿戴设备、智能机器人等重点领域培育一批重磅产品。

元宇宙的本质是一个一直进化的平台，之所以能够一直进化，一是因为元宇宙本身可以实现多维空间的打通和切换；二是元宇宙经济发展的必然逻辑。元宇宙是虚拟的现实场景，所以需要很多内容提供者、设计者以及很多元宇宙原住民，这就为很多有想象力的个人提供了创业机会。元宇宙需要非常多的场景和应用开发以及硬件设备，这将为很多科技型企业，尤其是创业企业提供机会。元宇宙是虚拟的现实场景，正是由于其中有许多商机，因而在元宇宙内部也可以形成类似现实世界的繁荣经济，所以元宇宙的未来也有可能形成商业的大爆炸，特别是在现实中受资源所限已经发展前景黯淡的行业，到元宇宙时代又可以重新再来一遍，尤其对于刚需而言。元宇宙内部渐渐也会有银行、饭店、警察、政府、股市、房地产、奢侈品等，虽然这些都是基于现实而虚拟的，但是会有需要满足的元宇宙居民的肉体需求和精神需求，因而也会产生繁荣的商业、制造业等。

纽约大学宗教历史系教授詹姆斯·卡斯所著的《有限与无限的游戏》一节，揭示了这样一个思想：有限的游戏，其目的在于赢得胜利；无限的游戏，却旨在让游戏永远进行下去。有限的游戏在边界内玩，无限的游戏玩的就是边界。有限的游戏具有一个确定的开始和结束，拥有特定的赢家，规则的存在就是为了保证游戏会结束；无限的游戏既没有确定的开始和结束，也没有赢家，它的目的在于将更多的人带入到游戏本身中来，从而延续游戏。无限的游戏过程中可以出现有限的游戏，但是有限游戏无论输赢，在无限游戏参与者眼中不过是游戏过程的瞬间。比如文化就是无限的游戏，著名的思想家老子、孔子的思想绵延至今，而政治就是有限的游戏，秦朝即使统一了全中国，也不过二世就亡了，“万里长城今犹在，不见当年秦始皇”。而元宇宙作为一个概念，恰恰是一个无限的游戏，它真正要实现的是人类自己可以成为一个宇宙的主人。

后记

如何在这个复杂世界反脆弱地活着

前段时间我在隔离，在此期间我认真研究了这个世界，发现这个世界跟过去已经非常不一样了，不一样的原因是“黑天鹅”正在铺天盖地地袭来，过去那个稳定的，变化得很慢的世界正在慢慢解体，一个时常突变的世界正在形成。比如俄罗斯和乌克兰在战争，现代战争已经变成了全方位的战争，不光是武力的，还有经济。这让我们感觉到，在这个世界上活着，依靠过去那种努力方式会越来脆弱。死亡既然那么近，我们就需要常常有一种“挺尸思考”的反脆弱思维，我把它称为“向死而生”的思维。向死而生是德国哲学家马丁·海德格尔在其存在论名著《存在与时间》中提出的一种哲学理念，认为人生就是朝向死亡的一个过程。而我提出的向死而生是，如果你死的时候害怕什么，生的时候你就避免去做什么；如果你死的时候渴望什么，生的时候你就努力去换取这个渴望。这个世界在许多人眼中很不稳定，甚至是虚幻的，正所谓“如露亦如电，如梦幻泡影，应作如是观”，可是大家都相信一种永恒的东西，是建立在这种虚幻之上的，给这种虚幻赋予了意义。日本的“经营之圣”稻盛和夫在《活法》中写道：人的一生，不是看你获得了什么，而是看你贡献了什么。毋庸置疑，人纵然赚得全世界，却赔上了自己的灵魂，于他自己又有什么益处呢？他又能拿什么再赎回自己的灵魂呢？灵魂的救赎来自哪里呢？来自对世界的贡献，就是对世界沿着真理的改变，即厚德载物。所以“黑天鹅”来了，很多商家、老百姓都被伤害得遍体鳞伤，这时候你可以高高在上去收割，也可以创造条件去拯救，而更好的拯救，则是告诉人们如何去做，让人们靠自己去应对“黑天鹅”。电影《辛德勒的名单》中，当德国战败的消息传来，辛德勒准备离开的时候，他所救的1100名犹太人来给他送行，并给了他一枚印有“救一人，即救全世界”的戒指。他当时却懊悔他本可以多救几个人，如果他能多赚些钱，他后悔自己挥霍了这么多，他的车或许可以再多换回十个人的生命，还有金的胸章，或许还能多换回两个人，至少一个人。接着他哭着说：“我本可以多救一个人，而我没有，但我没有。”这也是我写这本书的初衷。

现在这个世界是一个善易的、复杂的世界，它已经不再满足过去的那种正态分布，而是越来越趋向于幂次分布。正态分布是工业时代的产物，那时候机器是机器，人是机器，组织也是机器，连国家都是机器，那时候人的自由被严格限制，人只有生存，却很难有很好的生活。而现在我们国家的主要矛盾是人民日益增长的美好生活需要和不平衡不充分的发展之间的矛盾。要生活，那就得是有生活的人来服务有生活的客户，那种机器化的没有生命特征的人无法了解客户的精神需求，也就不能被作为国家解决这个矛盾的武器，注定要被淘汰。倒着来看，你就明白了，为什么现在的客户越来越自我呢？因为被服务得太好了。为什么你拼命降价还是卖不出去，人家卖得老高还是很多人疯抢，比如盲盒？因为精神元素。那你学人家也搞盲盒可以吗？你会发现你的盲盒很难卖出去。比如你看到抖音卖货很容易，你也可以复制一个，你也许只赚几百块。换句话说，复杂的世界，多种因果关系都包含在里面共同发生作用，像是混沌，投多少钱赚多少钱，无法计算。这时候你就得让你的产品和你的员工拼命成长，拼命自我迭代，自我颠覆，变成那个他天生的独一无二的自己，兴许这个独一无二就突然变成了全世界都很喜欢的东西，比如Facebook、抖音。现在的高科技发展，可以把极致的东西快速复制，边际成本越来越低，所以最重要的是把极致的东西找到，给他提前做好利益捆绑，变成企业最重要的东西。也就是说企业要有多极化思维，手里要能培养一群协同共生而且还在疯涨的IP，不管是产品IP还是个人IP。就好像周杰伦出名前，刘畊宏已经是吴宗宪公司的旗下艺人，还和吴宗宪等人组成台湾男声合唱团体“咻比嘟哗”，同时还担任综艺节目主持人。那时候刘畊宏经常帮助周杰伦，给他吃的穿的，带他到处认识朋友寻找机会，周杰伦还经常去刘畊宏家洗澡，有一次洗了一个小时还差点导致他们家里的人瓦斯中毒。2016年周杰伦上《开讲啦》还专门说没有刘畊宏的帮助，可能就不会有今天的周杰伦。刘畊宏在今年上海疫情期间靠健身视频又大火了起来的时候，放的就是周杰伦的《本草纲目》，也给周杰伦带来了很多流量，周杰伦也一直在节目中夸赞刘畊宏，给刘畊宏吸粉，这就是多极化的协同共生。2022年7月6日，周杰伦的《最伟大的作品》MV上线，7月9日，刘畊宏在社交平台分享了和周杰伦一起唱《最伟大的作品》的视频。视频中刘畊宏用美声翻唱《最伟大的作品》，镜头的另一端，周杰伦伴奏。真是一对让大家感觉美好的好朋友。如果你的企业里面只有一种产品、一类过去那种各方面都会的通才员工，还有一个说一不二的英雄老板，那你这个行业可能就会突然被其他行业替代，你会非常的脆弱，甚至竞争对手随便都可以找到一个更好的方式来打败你，因为你的老板特喜欢当英雄，当神，一点都受不了弯下腰来学习。如果你的企业里面有一群完全不同的拼命自己长的产品，和一群完全不同的、一直在自我颠覆了一万小时的、一生只做一件事的英雄员工，还有一个不断支撑你们、不崇拜权威的、园丁式的老板，形成了这种不断颠覆的文化，那你“中大奖”的概率就变得非常大，这时候大家利益捆绑在一起，即使有一个成了董宇辉，也能养活好其他的家人们。物竞天择，“颠覆者”生存，所谓颠覆就是你把一个事物分成几个主要的要素，比如淘宝卖货，既要有网站找到商品，能看到商品评价，又能与店小二、文本或者语音交互，还得能付款。这时候把交互环节换成你在百货大楼的那种推销员向你推销，比如直播的形式，这就是颠覆，因为你会发现直播带货有了真实感。老百姓在恐惧的时候会念旧，而在很有安全感的时候就会喜新厌旧，喜欢尝试新东西。随着中国的崛起，老百姓是不是更加自信了呢？

“幂次法则”是赢者通吃，这时你首先找到一群有通吃潜质的人，其次，把他们培养成能通吃的人就可以了。为什么很多经济发达地区的企业那么有生命力呢？就是因为政府、领导管得少。赢者通吃完了本地再通吃外地，最后通吃全世界。同龄人服务同龄人，就能做好精神溢价，情绪价值。因为精神这个东西，只有差不多经历的人才会懂。为什么很多经济欠发达地区，不断砸钱搞政策，还是不行呢？因为没有生命力，过度强调听话，层层向上听话，最终要听一个长者的，而长者不知道年轻人的精神需求，他们审美不一样，导致产品只能卖给领导那个年代的人，而那一代人往往已经过了乱花钱的年纪，消费很理性。“和而不同，美美与共”，才是企业在这个复杂世界活下去、活得久的好文化。

最后，在这里我要感谢我的父母、师长、领导，感谢每一个曾经帮助过我或者认出我的伯乐，是你们的支持陪伴我走过至暗的迷茫时刻！感谢每一个路人，让我找到生命的意义！感谢百度、抖音、B 站、樊登读书、得道、混沌等媒体提供了大量的素材和思路！感谢北京华夏智库文化传播有限公司和华龄出版社，让我这本书能够出版，让有需要的人看到！谢谢大家！

附表　从五个方面实现企业差异化的核心竞争力

主要要素	细分要素	金句	注释
客户	客群	to B还是to C。to C更反脆弱，to B更容易专注。做好客户画像。以酒店业为例：民宿or酒店，90后、95后or 70后、80后，白领or蓝领，情侣or单人，出差or短住，月入五千or月入一万or月入三万……以网上商场为例，淘宝用户平时很闲，不知道自己需要什么，喜欢尝试新事物，喜欢到处逛逛，喜欢意外惊喜；京东用户平时很忙，追求性价比和效率，喜欢确定性，喜欢比价格；拼多多用户主要喜欢价格很低的购买到所需要的产品，以此来刷自己的存在感，当别人提起这个产品的时候，可以以最低的价格赢得对这个产品的讨论，对应的客群是价格敏感性客群，确切地说是上世纪过苦日子过来的那一代人。比如埃隆马斯克SpaceX的载人航天计划，目前的客群就是渴望有生之年不留遗憾的有过太空体验的富豪。奶酪第一股妙可蓝多，就是主做儿童客群，主做奶酪这个单品，因为这个单品溢价高，儿童是不考虑性价比的，他们喜欢就是喜欢，不喜欢就是不喜欢。妙可蓝多发布的2021年财报，营业收入44.78亿元，较上年同期增长57.31%，奶酪板块实现收入33.34亿元，较上年同期增长60.77%。而且在它2016年刚进入的时候，国内没有很优质的品牌，好品牌都是国外的，因此相当于蓝海。	客群需要定位清晰，精神需求越旺盛的客群，越需要同龄人去服务及设计产品。
	地点	一线二线or三线四线or五线六线县域。比如拼多多与京东、淘宝的差异化竞争，拼多多就是抓三线一直到县域的下沉市场。比如达利园食品在各个赛道都对标第一名，专心做第三名，主要向一二线城市的爆品取经，往三四线城市销售，模样品质差不多，明星代言，但是价格只有第一名50%–70%。比如艺龙和携程，携程主做一二线城市四、五星级酒店，艺龙主做三四线城市的三、四星级酒店。	一二线城市需要效率和新，三四线城市一直到县域可以用一二线城市中做的不错的产品和模式降维打击。

主要要素	细分要素	金句	注释
产品	多	比如拼多多，主要是备货多还价格低。客户就这么多，除了以前淘宝难以覆盖的县域用户，对其他淘宝可以覆盖的用户，用了拼多多，自然就少用淘宝了。再比如天猫，品类最多，广告词是“上天猫，就够了”，一站式购足全部所需，再赶上双十一，跨品类满减，一家人从婴儿到老人都可以参与进来。多是平台化企业运营的特征，比如抖音、快手、B站等等，对于创业型企业，一定不要贪多，而要在所擅长的领域，先做到极致，做到有话语权，被广大的客户看见，被一定的客户所认可甚至忠诚，先能够摆上这些流量平台的柜台，然后再摸着石头过河，在能力圈内找到新的场景，长出新的产品。	品类多，需要搞全品类的家庭式的购物节。产品五个特点需要满足两个以上，产品就很有竞争力，但是不能全部满足，全部满足了企业没有利润。
	快	令客户即时满足，满足客户的爽点。京东物流，网上购物第二天到家，淘宝平均要三天，拼多多平均要五天。现在数字化转型，都在搭建敏捷团队，就是要快速响应客户需求，快速批量定制。	需要平时就做好准备，爆点信息或客户需求一出现，用最快的速度生成产品卖到客户手中。
	好	好对应的是每个品类的最高的利润产品，好这个特征一定要对应产品最大的痛点，这样才让客户觉得高溢价解决大痛点，钱花得值。高端用户对价格不敏感，但是对价值很敏感，如果在产品功能上不是不可替代的，最好增加二次元属性，让客户与产品之间形成热恋的交互，在精神需求满足上提升产品的价值。好这个特点要能被业内认可，需要反竞争的管理思维，强调灵魂碰撞与独特价值。做美善产品，3倍功能好，10倍能量高，10倍精神溢价。极致的高级的产品、广告设计师，甚至可能不食人间烟火。因为对应的客群就是一群天上飞的或者想上天的客群。奢侈品，比如LV，泰坦尼克号沉没的时候，LV的箱子里没有进水。三只松鼠，做最好的品牌干果、零食，解决干果坏果多，零食品牌多，客户选择困难的痛点。沃尔沃汽车，世界上最安全的汽车，汽车最大的痛点是车祸，为了让家人安全，多花多少钱都值得。李宁限量版高端品牌“韦德之道”，解决国货用户不够自信的痛点，卖了400万美元。大众的辉腾，高端车低端外观，专门打脸不懂却又虚荣的外行人。装X是刚需，就在这个差异化实现。好是利润来源，往往是低频，需要高频的流量产品来带动。小罐茶，用稀缺性提升自己产品的身份认同，通过广告设计植入客户的内心。茅台，国酒的第一，难以购得，好故事配合身份的象征。钟薛高，低成本发朋友圈刷存在感。好产品要突出唯一性，集中多个唯一点对其他竞争对手降维打击。	产品是做优产品线，不是做齐产品线，产品定位要准确，流量产品就是流量产品，利润产品就是利润产品，不要做定位不清、不伦不类的产品。

主要要素	细分要素	金句	注释
产品	省	拼多多，价格低廉。唯品会，中端品牌、轻奢，价格只有商场的一半。小米最早推出千元智能机，一次只做一部手机，做全网性价比最高的手机。小米擅长用其他企业的利润产品，拆解了，重构价值网，来设计自己的流量产品。对小企业，省的前提是，真的能够找到成本更低的生产方式。对大企业，省的前提是，要么利润产品能够搭乘流量产品的火箭，一起上天，要么把生态营造起来，把流量固化下来，获得足够的私域流量，获得足够的客户的个性化行为数据，让企业变得被资本看好，变得值钱。	价格最低，而且要在最大的流量入口设置场景。流量产品要与客户一同设计，最好采用增长黑客的方式。
	新	新满足客户的自我价值实现需求，满足客户的好奇心和探索精神。B站、小红书、抖音、头条。新的产品都是先在这些平台疯狂种草，做推荐。叶檀财经，总是把财经咨询第一时间作出解读，解决政府人员、商务人士的社交货币痛点。产品针对科技发展的速度和客户对新东西的喜爱程度来选择推陈出新的频率，比如苹果的电脑往往每一年半推出新一代，因为摩尔定律体现在芯片上，就是大约每18个月芯片性能会提升一倍。而苹果手机往往每一年9月份推出新一代，因为苹果诞生在美国，美国的零售业每年的两大购物节点是“返校季”和“圣诞季”，苹果在9月份发布一系列新品，吸引走在消费前端的死忠粉大排长龙，买到之后立刻就刷存在感，对于普通消费者，苹果通过各种试用，如同免费广告一般在果粉们的内心渐渐长草，到圣诞等购物节的时候，再给普通消费者回馈一定的折扣，这时候赶上过节，普通消费者有大肆消费心理，会有更多人选择看了很久的苹果新品买给自己，或者作为送人礼物。	需要与客户形成良好的互动，确切的说是客户提供素材，流量IP来选择素材做输出。
价值链	生产	阿里巴巴可以对接一些生产厂商，珠三角、长三角贴近一线城市的二线城市，生产制造业往往比较先进而且发达。性价比最高的生产往往在产业集群，产业聚集区内，因为大家可以互相学习，互相竞争，彼此协作以降低成本。对于依靠科研的创新型企业，生产厂一定要与研发实验室做好物理隔离，因为生产不喜欢颠覆，而且尤其喜欢树立权威，迷信权威以提高执行力，做新东西在磨合期内的时候，效率会比较低，让权威们也会缺少掌控感，所以生产企业往往不喜欢做新事，而研发要的就是颠覆权威，找到10倍好的方式来替代过去的权威做法，这两种工作天然的文化属性不同，无法融合，如果硬要融合，做旧事情的权威为了自己的生存一定会把做创新杀死，最终企业的核心产品也会被其他企业生产的新产品颠覆掉。	生产主要看的就是性价比，看专利。

主要要素	细分要素	金句	注释
价值链	研发	不同企业的研发要求不同，但一般都有设计开发、工艺开发、技术研究、标准化、试制验证等职能。华为是中国企业中研发经费投入最多的企业，在2021年研发投入1427亿元，达到全年收入的22.4%，它在全国设有8个研发中心，功能各不相同，地理位置的选择往往跟所在区域著名高校比较擅长的研究领域有关，比如华为北京研究所业务范围主要包括IP研发、手机核心研发、高端研发，华为上海研究所业务范围包括无线网络设备、终端旗舰智能机、海思移动芯片产品以及新能源等业务等。研发需要培育不断颠覆自己的文化，研发人员应该主要以自驱力为主，成长型思维，弹性思维，不要面子，在某一行业热爱，甚至痴迷，对事物有洞见，甚至要被绝大多数人看成是疯子，不疯魔，不成活。研发人员需要懂创新哲学，能够以第一性原理看待事物，不断回归本质去思考，再扩大搜索范围，从本行业扩展到本质比较类似的行业，以现有的过去没用过的最先进的理念、技术等去重新给本质构建一个形式。科研需要专家团队，也就是互相熟悉、目标相同、能力互补的专才团队，同时互相之间能够以对方熟悉的语言去交流。科研坚决不能外行领导内行，科研人员的招聘，只有牛人才能识别牛人。科研不能拔苗助长，必须符合科学规律，十月怀胎，一朝分娩，科技的一小步往往是人类的一大步，比如华为在2G升3G的时候，俄罗斯的计算机科学家在华为默默无闻十几年，一直没有成果输出，白拿薪水，突然一下子突破了算法，就导致了华为的领先，没有前面的十几年的铺垫，就没有这一下子的灵感迸发，科研没有捷径。决定大企业未来的生命力，不在生产能力，而在研发能力。小企业可以不用设立研发机构，主要依靠咨询机构咨询或者出门与先进企业交流来获得创新的思路。科研机构的绩效管理最好用OKR工作法，不用KPI考核。不能被理论审视的实践，不能被复制。研发有一个重要目的就是要不断寻找最先进的实践，把它的核心要点拆解出来，做好知识收割，作出可复制的标准化的产品或者做法，所以从研发到可复制的实践应该有比较先进的流程，这个流程的设计最好参考业内最优，先削足适履，先僵化，再优化，再固化，因为真正的好的流程，只有真正的牛人深入懂其背后的逻辑，企业中绝大多数人往往不能未卜先知，所以需要一把手的强势介入，学秦孝公搞商鞅变法，否则企业很难在换道的时候超车。拼命加班往往最多能提升20%的输出，而找到好的颠覆性的做法，却往往可以提升10倍的效率，科学技术是第一生产力。	研发主要看自我引用，自我迭代，自我颠覆。研发要用一群疯子。

主要要素	细分要素	金句	注释
价值链	供应链	以生产商为核心的供应链，比如吉利、比亚迪汽车等等；以中间商为核心的供应链，比如中国烟草系统；以零售商为核心的供应链，比如沃尔玛超市。常见的供应链都是“1+N”模式，其中有一个核心企业，或者叫做盟主，然后围绕着盟主，会有上游和下游企业。在中国的制造业，这个核心企业一般指央企或者国企，民企主要指与互联网大厂相关的企业。另外N当中不乏专、精、特、新的隐形冠军。如果企业定位为产业链、供应链中必不可少一环，而且能够做到极致，做成世界第一、亚洲第一或者国内第一，都非常反脆弱。在餐饮行业，这个核心企业往往是模仿麦当劳的连锁餐饮店或者小吃店，比如紫燕百味鸡、绝味鸭脖等等，而好的供应链企业，以公司加农户模式，可以供应多个不同品牌的半成品鸭货。海底捞旗下供应食材和底料的蜀海和颐海国际已经在香港上市，说明供应链也可以做大做强。未来是细分品类的天下，但是细分品类首先得质量站得住，肉体需要得满足，然后才是细分的精神需求，所以未来细分品类都要抢夺好的供应链。有一个经济学名词叫作“口红效应”，最近几年受疫情影响，口红卖得很好，而做口红供应链的厂商，不管哪个品牌口红卖得好，自己都跟着获得了很好的受益。	做供应链的生意相对比较苦，但是比较反脆弱，因为核心的点太多，一旦做好了，具备了自我进化的生物态特征，外行想插进来模仿不容易。
	合作伙伴	协同共生关系。企业的反脆弱来自于与一群强大的合作伙伴合作。比如腾讯王者荣耀游戏与招商银行王者荣耀信用卡。比如小米生态，小米推动小米生态链上77家企业各自高效成长，自己也作为投资者、环境缔造者和周边服务者获得高成长和高溢价。比如罗振宇请各位名师在得到APP里面授课，大家彼此借鉴、互相学习、共同成长。比如刘畊宏与周杰伦就是协同共生的合作伙伴。	现在黑天鹅到处飞，与更多的伙伴一起协同进化是最反脆弱的。
	赛道	赛道就是给自己在行业中选一个细分品类。赛道营销方式最常见的是漏斗模型，比如宝妈赛道，向下再选择育儿、交流陪伴、身材恢复，选择育儿的话再向下0到3岁育儿，再向下选择早教、喂奶、代餐、玩具、绘本，如果选择绘本，再向下就是拼读等等。以知识付费为例，樊登读书的赛道是普及型的，带领三亿人去读书，他讲的书往往不属于细分赛道，但是背后都折射出一个普遍性的原理，所以哪个赛道的人都可以拿来学，都会有收获。混沌的赛道主要是创新、创业，企业家。得到的赛道是知识型白领，得到的课程用于非常精炼，白领阶层才比较容易领会。做企业也可以不选择加入赛道，而选择为全部赛道赋能，比如直播分好多细分，成功比例也就5%，但是每个直播都需要好话筒、声卡、背景设计、装修等等。再比如华为选择不造新能源车，而是做新能源车的操作系统，新能源车是未来的大势所趋，目前也有政策红利，做好做不好都在赚钱，但是等过几年，必然有大多数企业会失败，而不管成功的车企还是失败的车企，都得用操作系统，而且一旦用上，鸿蒙系统就可以合法的收集客户数据，等与客户彼此熟悉了，客户用习惯了，就很难更换。	赛道一定要找蓝海，尤其是红海中有点蓝的部分。

主要要素	细分要素	金句	注释
价值链	营销方式和渠道	营销方式有直销、分销、直营、连锁、二级代理、病毒式裂变、私域流量、场景、搜索、抖音、第三方、口碑、数据、电视、报纸、地推、展会等等。比如互联网企业目前最常用的三级火箭模式，第一级在流量入口吸引流量，第二级通过场景沉淀用户，第三级完成高收益的商业闭环。比如小米的一级火箭是手机，二级火箭是小米商场、米家等零售场景，第三级火箭是小米生态。再比如互联网营销的特征是利润非常薄，一切都很透明，那擅长线下渠道的，营收和利润就会很高，比如达利园2021年的营收是222亿元，超过三只松鼠和良品铺子的综合，利润率是16.7%，而康师傅只有5%，良品铺子只有3%。目前比较先进的低成本获得爆发式增长的营销方式是增长黑客，互联网企业都在用，如脸谱网等等。营销的漏斗模型是让1000个人知道，400个人看到，200个人有好感，50–100个人购买，一层层的做转化率，这样的方式需要大量烧钱通过流量明星做广告，做知名度。初创品牌，还可以使用圈层营销，比如lululemon，在初创的时候基于门店做瑜伽爱好者社群，到了新的城市通过自媒体吸引目标客群，先做社群，通过链接影响来转化成用户，通过用户带用户来裂变，等用户多了，再开门店，目前已经做到了千亿市值。流量入口，公域流量主要包括一是以淘宝、京东、拼多多为代表的电商平台；二是以微信、微博等为代表的信息流平台；三是以抖音、快手、B站等为代表的短视频平台。私域流量，主要指客户自己所有，可免费触达，可免费使用的流量，比如数字化时代，每个企业都要用心去做自己的私域流量，微信朋友圈、用户群和企业微信、App等可算作真实意义上的“私域”，而微信公众号、小程序、抖音账号等可以算作混合域。私域流量玩的比较好的，比如完美日记，《中国经营报》在百度的一篇文章“如何玩转私域流量”详细披露了它的营销过程，它首先通过与小红书、抖音等平台上的KOL（关键意见领袖）合作，通过少量头部KOL带动声势、大量腰部和初级KOL接力形成平台现象级声量，营造明星、达人、素人都在使用完美日记产品的热卖盛况，在线下体验店里的售货员除了日常卖货，还通过优惠福利引导到店顾客添加微信好友；同样在线上下单后，用福利引导买家加微信。线上线下相互引流，把偶尔和潜在交易的顾客不断沉淀在私域。私域流量的核心是用户关系管理，要让他们相信你，并愿意看你的朋友圈和信息，不认为你是天天推送广告和促销信息的机器，而是一个专业有价值、懂生活、有情感的好友，因此，私域流量需要设计和打造人设。线上的私域流量，一定要与线下的客户体验相结合，以提升最终变现的概率，这样私域流量最终的变现，可以依靠一些活动或者游戏来达成，比如限定秒杀、新品体验等等。	营销方式与产品对应的人群关系很大，年轻人的产品，用线上会比较好。中老年人的产品，线上线下合作会比较好。据中国互联网络信息中心（CNNIC）最新统计数据，截至2021年6月，我国网民总体规模超过10亿，手机网民渗透率已高达99.6%，网民的人均每周上网时长约为 26.9 个小时，互联网进入存量用户运营时代。

主要要素	细分要素	金句	注释
价值链	数据与算法、高科技	现在各大企业都在做数字化转型，客户的行为数据是其中最重要的数据资产。比如：消费金融做的最好的是网上银行和微众银行，因为他们拥有客户的行为数据。同样的客群，银行端做消费信贷，年利率5%，而借呗、微粒贷可以做到12%，而这些客户之所以用蚂蚁和腾讯的产品，因为银行通过现有数据无法识别他们的风险程度，就无法服务他们。数字化转型要实现运营自己的私域流量，这里面最宝贵的财富就是你有，别人没有的客户行为数据、购买偏好的数据。现在不光数据稀缺，更稀缺的是算法科学家，头条、抖音、滴滴的核心就是一个算法，花呗、借呗的风控模型，也是算法，能够设计先进算法的科学家才是与数据共生的核心竞争力。网上有张一鸣讲算法的课程，推荐这方面专家多多学习。	数据要合规的获得，还要反复去使用，背后还要有懂心理学的专家，去解释数据背后的故事。
	客户体验	现在生产过剩，决定客户是否购买产品就在客户体验上。客户体验要在购买场景上体现出对客户的善意和接纳。客户体验主要体现在客户痛点、痒点和爽点的满足。有个词叫做“变苦”，指今天的乐，明天得不到了就会变成苦，所以痒点、爽点最终都会变成痛点。不要赢了消费者，而要赢得消费者。与腾讯、阿里相比，京东是典型的重资产模式，比如各地建仓库，囤货，自建物流等等，但是这样带来最大的好处是客户体验好，因为都是京东自己家的，推诿扯皮很少。对于Z世代的95后们，虚拟化、游戏化、二次元化的客户体验场景设计非常重要，没有情绪价值的满足，年轻客户往往没有购买冲动，所以好的客户体验，要向游戏学习。为什么王者荣耀是最赚钱的游戏，因为它的客户体验最好。提升客户体验，可以构建客户体验中心，与客户一起去迭代，让竞争对手的客户来不断反馈本公司客户体验的短板，客户知道哪里不舒服，但是不知道如何去解决不舒服，这时候就需要产品设计专家去解决。	好的客户体验是客户赢得面子，商家赢得里子，差的客户体验是，里子面子全是商家的。

主要要素	细分要素	金句	注释
价值链	品牌	品牌是产品高利润来源的护城河。品牌需要有自己的故事，最好的品牌是传奇，比如茅台、LV、香奈儿等等。以知识付费为例，樊登读书的IP就是樊登，所以带领3亿人一起读书，讲过360多本书的樊登成了知识付费界最大的IP，刚开始讲书的时候，樊登用自己读过的几本书去解释一本书，别人很容易替代，而当他讲了360多本书，他用超过这些书的内容去解释一本新书，别人就很难替代了。樊登做到了知识的通，也就是打通。罗振宇的得到，IP是他和众多在里面讲课的专家，但是专家很专，受众往往来自同一领域，所以他的估值不如樊登读书。混沌大学的IP是李善友教授，可是除了企业家们，多数人并不了解混沌，企业家毕竟是少数人。未来要反脆弱，就需要一个企业像平台一样，手里握有一堆单独运营的不一样的IP，说不定黑天鹅一来，其他IP倒下了，就有一个IP起飞了，这个IP就可以养活其他IP。这样看来，罗振宇的得到，最反脆弱。品牌需要不断向年轻人释放善意，才能拥有生命力，很多百年老字号都倒闭了，倒闭的其中一个主要原因是年轻人不喜欢。现在的人们越来越喜欢活生生的人做品牌，比如李子柒。品牌是很高级的精神享受，甚至像宗教，它占有的是用户心智中最圣洁的部分，往往是人的灵魂需求。对应30岁以下的人群，流行二次元文化，建立虚拟品牌人物会很讨客户喜欢。比如据百度介绍，妙可蓝多选用《汪汪队立大功》等热门的动画IP打造品牌形象，对目标人群进行精准营销，动画片里的每一个动画故事和角色都成了孩子们在奶酪柜台前驻足选购奶酪棒的理由。	品牌的本质是在顾客谈起它的时候，脑海中带来的幻想，和他引起它的颅内高潮。
盈利	成本结构	要经常性的找到最高的成本点，然后去市场上不断寻找最优解去优化。一般来说企业最大的成本是沟通成本、决策成本和试错成本，这三个成本都很难量化，但是一定要量化，尤其是决策成本，解决了决策成本问题就意味着企业拥有了最核心的战略竞争力。传统企业最高的成本往往在领导阶层太多，机构臃肿，甚至阻碍创新，因为创新就意味着颠覆他们的过去、权威和话语权。未来的企业往往都是自组织型企业，不需要这么多指挥型官僚领导干部。对于小企业，打折促销的前提是自己真的有成本比竞争对手更优的做法，不是要伤敌一千，自损八百，那是大企业的玩法，小企业玩不起。比如电视剧《天道》中丁元英运作的格律诗公司，就是找到了王庙村农民个体户生产机箱的成本最低的方式。	小米的成功，核心就是掌握了成本最低的生产手机的供应链和制造模式。

主要要素	细分要素	金句	注释
盈利	收入和利润模式	低收入高频还是高收入低频。一个超市货架上不能全是利润产品，这样会让客户觉得总是超市在赚钱，自己在吃亏，所以聪明的企业家会让公司90%的产品都做成流量产品，尤其是会用其他公司的利润产品做成自己公司的流量产品，然后再用10%的独特产品做成利润产品。京东的利润只有5%，而且它没有门店，所以他一直在盈亏平衡点附近经营，这样他就很有竞争力，很值钱。招商银行提出让财富管理飞入寻常百姓家，而招行的流量产品，信用卡等，不赚钱，招行的主要利润产品就是财富管理。小米的盈利点主要在投资小米生态的企业，帮助小米生态企业做大做强，作为幕后老板的雷军也赚得盆满钵满。三级火箭模式，最后一节火箭往往最大的利润来源，但是第一级火箭如果能够获得很多流量，往往让企业变得很值钱，很被资本市场看好，因为市场就这么大，流量就这么多，资本市场更看重未来。要想赢的多，还得套路深。	当下最重要是赚钱，未来最重要是值钱，与客户一起但行好事，莫问前程，求之于势，不责于人，就一定会走出不一样的田地。
	忠诚度	体现在口碑推荐率和重复购买率上。最忠诚的客户往往是没得选的客户。忠诚度的本质，从心理学来讲，更多是治愈原生家庭带来的伤。客户的忠诚，首先是产品服务给客户确定性的满足，尤其是在现在这个黑天鹅到处飞的疯狂世界。其次是产品带来的上瘾的感觉，痛并快乐的，背后其实有点精神控制的味道。最后，将客户引入社群中，形成排名，就又回到孩童时期，父母的好胜心、攀比心，带来的常常萦绕在耳边的那句话“你看看人家，你看看你”又再次响起，童年的噩梦会再次袭来，客户这会有钱了，就会拼命用钱，通过购买商品的方式解决掉那个声音，比如你敢不敢帮女朋友集齐迪奥全部色号的口红。	精神控制

主要要素	细分要素	金句	注释
盈利	定价模式	如果是传奇品牌，美善产品，有巨星代言，突出稀缺性，要勇于定10倍高的价格，比如各种奢侈品、戴森，小罐茶等等。品牌由低端走向高端，利润产品的定价要敢于找高利润的明星产品去对标，这样既能体现高性价比，高曝光度，还能收获高利润。比如华为手机对标苹果，所以它卖的越来越贵。比如达利园对标好丽友派推出达利园派，对标乐事、品客薯片推出价格只有1/3的可比克薯片，对标王老吉和加多宝推出“加量不加价”的和其正，对标红牛推出价格只有其一半的乐虎，对标丹麦皇冠曲奇推出蓝帝堡，对标维维豆奶推出豆本豆豆奶等等，即使达利园推出产品的利润已经比明星产品低了很多，但是依然收获了16.7%的高利润率。价格千万不要一开始就定低，除非一个产品一开始定位就是流量产品，否则高价打折，更容易让客户觉得占到了便宜。当年奥迪为了更好的对标宝马5系的奥迪A6，故意将奥迪A4的价格定价超过A6，使得顾客觉得A6性价比超级高，大幅推动了奥迪A6的销量。流量产品的定价以成本加5%定价，目的是降维打击以同样产品为利润产品的企业，价格一定要低到令客户可以出去炫耀，刷存在感，比如小米、拼多多的产品。	让客户充分发挥想象力，然后不断认同他的想象。
软实力	文化	企业文化往往带有所在地域文化的特征。是强调封闭服从，还是强调开放、创新、成长，这两个不能同时存在。领导是强调用人之所长，还是强调给人补短板，是强调给组织拉长版，还是强调不断给组织补短板，总是强调补短板的文化是内卷文化，强调拉长版的文化才是创新文化。文化带来的是基因。由于传统文化强调服从，往往喜欢一刀切，所以强调传统的企业适合做产品中满足肉体需求的部分。强调创新的企业，主要在市场经济发达的地区，倡导多元化包容的文化，适合做产品中满足精神需求的部分，比如字节跳动，比如腾讯。很多建国初期的老工业基地，经济反而越来越不好，就是过度强调向上服从，而最上面的领导由于拥有过于绝对的权力太久，导致他已经无法对客户作出同理心，最终生产出的产品再也卖不出去。如何去看一个企业的文化，可以从沟通成本、决策成本和试错成本去看。自律的人适合做系统，自我的人适合做产品，好的企业文化一定是有包容性的企业，如果是单元文化，要么过度强调合作，强调为他人着想，但是无法很好地挑剔产品，导致产品竞争力弱，要么过度强调产品的精致，导致人与人之间互相挑剔，导致内耗、竞争、不合作，最终产品的功能无法确定性的持续得到实现，产品只是很漂亮，不好用。	强势文化造就强者，弱势文化造就弱者，文化是企业的决定性因素。

主要要素	细分要素	解释	备注
软实力	人员构成	优秀企业真正的核心竞争力是人才。比如字节跳动之所以发展这么快，与他的员工结构密不可分，他的员工都是在世界各大互联网企业掐尖的人才。传统的人员结构分析，强调按照学历和背景等外在形式来区分。这里按照意愿和能力来区分，因为企业是打仗，打赢对手的根本是人的差异化，尤其是人对行业所涉及的客观规律的获得程度，这方面痴迷的人往往比学历高的人更有优势。人员构成在孙子兵法一章中有比较比较清晰的解释。另外大企业还要配比一定量的科研人员。企业在招聘的时候，需要多招聘具有成长型思维的创意精英，喜欢创新，喜欢颠覆，不在乎自己的面子，尽量少招聘固定型思维的人，尤其是总拿自己过去的成绩说事的人。未来的管理模式是自组织，生物态，突出长板效应，通才越来越不被看作人才，因为在任何一个方向都无法对竞争对手形成压倒性优势，专才才是真正的人才，可以形成在所熟悉领域对绝大多数对手的碾压式降维打击。所以目标一致，相互熟悉，能力互补的专才组成的团队，是核武器。现在都在搞数字化转型，强调构建数字化敏捷团队，数字化敏捷团队成员不是科技和业务都懂一点，而是有所长，要么业务很长，科技懂一点，能够与科技人员交流沟通科技，说明白，要么科技很长，业务懂一点，能够与业务人员交流沟通业务，说明白。不能招聘书呆子，打仗跟学校学的知识是两码事，学校强调不偏科，但是打仗就必须找偏科的人才。只有真牛人才能识别真牛人，普通人和装牛人不能识别真牛人。真正的牛人往往可以对所从事的专业脱稿讲干货一小时以上，内容涵盖行业的本质，时代的潮流，未来的大势。招聘人才一定要找到业内真正的专家，然后由他帮助推荐人才，街头常见的识人术课程无法从能力上限去识别人才。对于所服务的客户，比较忌讳中年人做领导来服务年轻人，只有中年人与年轻人之间的代沟太大了，80后设计的产品卖给95后，基本上卖不出去。企业要用年轻人去服务年轻人，用中年人去服务中年人。从人的内在性格来看，用自我的人做产品，做最终的展示，用自律的人做系统，做连接，要让他们各自发挥所长组成团队。以往的中国往往是自律的人做领导，以和为贵，符合中国传统文化“和”的精神，不苛刻，人际容纳度高。而由于现在产品端竞争越来越激烈，未来可能像乔布斯、埃隆·马斯克那样苛刻的自我的领导，更容易通过创造出伟大的产品来成就伟大的企业。	《孙子兵法》强调与竞争对手的比较，主孰有道，将孰有能，兵重属强，士卒孰练。

主要要素	细分要素	金句	注释
软实力	广告	广告就是要把差异化的卖点告诉读者，通过断言加重复，砸进客户的脑海中，让他们记住你，能够一下子识别出产品和服务的不同。比如被称为广告教皇的奥格威，为劳斯莱斯写的著名广告语“在时速六十英里的劳斯莱斯汽车中，最大的噪音来自电子钟的滴答声”，一下子凸显了劳斯莱斯的静，就这样就把劳斯莱斯推上了神坛，再比如他为奔驰写的广告“选择梅赛德斯奔驰230S，你会放弃很多，包括噪声、锈迹和老掉牙的工艺”，这个广告让当年的奔驰在美国的销量，从1万辆直接上升到4万辆。奥格威认为好的广告会让顾客希望出这个创意的人是自己，好广告要突出这个一字，是独一无二的一，还是排名第一的一，要定位到客户心智中，说清楚，而且要用很多年，过去说的是三十年，现在也至少要用十年。比如“怕上火，喝王老吉”，这样一个有场景的广告，直接占领用户心智，让王老吉成为降火饮料排名第一的品牌。再比如“今年过节不收礼，收礼只收脑白金”，给出了过节送礼的场景。广告口号贵在坚持，一年是个性，三年是定位，五年是文化，一句口号喊五年，谁看到谁都会觉得心潮澎湃，比如NIKE的“Just do it”，欧莱雅的“你值得拥有”。而“你值得拥有”最早的曝光度的提升来自于美国大选，是里根大量使用了类似的结构，在里根之后，“你值得拥有”成为总统演讲中所有党派的固定用语。克林顿使用这个短语的次数是里根的两倍，奥巴马的频率是里根的三倍。最好的洗脑，就是不断喊口号，客户跟企业一起喊口号，就会把企业的口号当成自己的口号。如果产品真的被选为企业要力推的爆品，那广告投放需要形成极致的爆破效应，在客户流量最高的地方通过客户喜欢的媒体不断曝光，一直教育客户，让客户听不到其他声音，或者听到这个声音是其他声音的十几倍，客户的潜意识就会把这个产品当中理所应当的选择，而如果别人再推荐其他的品牌，客户内心就会认知失调，不可接受。比如中年人接受度比较高的媒体相对比较传统，比如央视、抖音、地铁、超市、电梯等，年轻人喜欢的媒体是小红书、B站等，年轻人喜欢跟中年人物理隔离，所以别花了大价钱，却自以为是地投错了地方。好广告体现产品定位的差异化，直接定位到所迎合的圈层。比如百事可乐的广告语“新一代的选择”，就是当可口可乐炫耀它的经典它的历史的时候，它就不能年轻了，同样的差异化竞争也被用在啤酒上。再比如蒙牛提的“每天一杯奶，强壮中国人”，如果你的广告语提出的是一个强大的愿景，跟每个人有关，那就会有很多相关的不相关的人都来帮助你实现，蒙牛当年之所以崛起的如此之快，这个广告语起到了重要作用。当然现在年轻人越来越主动，好的广告语对他们的影响，已经不再像对他们的父辈一样。对他们的广告语，可以体现交流属性，比如麦当劳的“麦当劳喜欢您来，喜欢您再来”，就很讨Z世代人的喜欢，年轻人不喜欢太正经的东西，他们喜欢颠覆以往，他们喜欢谐音梗，喜欢调侃，喜欢表现的很丧、很不屑，不喜欢伪装自己，比如吉品合酥脆烤饼的广告语“我就是现烤”，就是表达年轻人生活的苦，但是很自信。“吉品合”拆字以后里面有五个口，寓意笑口常开，梦想从吃饱开始，这就是年轻人在调侃自己的生活。年轻人被誉为无限责任青年，所以他们喜欢爱国、国货、国潮这样的产品，2020年安踏为致敬诗仙李白推出了飞天系列，广告语是“敬李白，云起风落，从李白到我，事了拂身去，功名不留，Drop the beat，持真我与庸俗对撞”。这广告语就是一个对Z世代群体和个人的画像，推出李白系列的同时，安踏还邀请了说唱音乐人黄旭和于嘉萌在线上进行一场说唱云直播，以说唱致敬李白，进一步深化real的含义，与年轻人达成精神链接。	好的广告价值连城。好的广告给产品以灵魂。

主要要素	细分要素	金句	注释
软实力	价值主张	百度的解释是，价值主张是指对客户来说什么是有意义的，即对客户真实需求的深入描述。罗列全部优点、宣传有利差、突出共鸣点是供应商制定“价值主张”通常所用的三种方法。价值主张一般包括，我们到底是卖产品还是卖服务，我们的产品或者服务能解决客户什么痛点，我们在哪些地方优于竞争对手，哪些地方劣于竞争对手，我们如何让企业变得可持续发展。可持续发展就是推动企业良性循环的飞轮在哪里？比如字节跳动的飞轮就是飞书、头条圈、OKR、透明的企业文化、数据中台、推荐引擎、战略驱动等等。亚马逊的飞轮就是客户体验、更低的价格、会员体系、第三方卖家、流量、仓储物流等配套服务等等。价值主张是企业刚开始绘制蓝图的时候要思考的事情，弱水三千，只能取一瓢饮，到底要取哪一瓢？	好的价值主张能够发觉具有一定普遍性的，但是尚未被满足或者充分满足的客户需求。
	管理模式	主导者的话语权强不强？从股权上看是不是占有比较大的优势？企业最好不要商量着来，而是有一个拍板的，尤其是小企业。内部是否有比较先进成熟的制度和流程，是否能够不断发现先进的创新，并能够将创新量产？制度和流程最好用专业的外脑，也就是咨询公司与企业一起设计，并且定期评估，不适用的时候及时更新。当企业做大的时候，企业决策的正确率就在这些制度和流程，世界越来越复杂，企业大了，考虑的要素就会变多，凭借创始人一个人的大脑难以持续作出争取的决策。内部管理是传统的科层制，还是比较扁平化？一般科层制企业适合做制造业，优点是做出来的东西比较完美，缺点是容易跟不上时代的潮流，官僚主义浓厚，反创新；扁平化企业船小好调头，容易创新，但是容易一直在掉头，始终到不了对岸。内部激励从何而来？是以奖励为主还是以惩罚为主？一般最好是奖励多于惩罚，4倍左右的比例，比较合适，也就是4次奖励对应1次惩罚。用人上是强调让员工做自己喜欢并且擅长的事情，还是强调领导让员工做什么员工都得做好？让员工做自己喜欢并且擅长的事情效率效果都会更好，会持续输出高质量结果，只是领导会丧失一定的权力感。是用KPI，还是用OKR做绩效管理？已经被验证过的工作适合用KPI，未被验证的创新型工作适合用OKR。是分权制，还是集权制？最好是领导提供用人和资源决策，员工提供做事的决策，让听得见炮火声的人指挥战斗。是英雄式领导还是支持型领导？英雄式领导适合做大型制造型企业，支持型领导适合小型创意性企业、高科技企业。英雄式领导容易出现战略失误，因为孤注一掷做出来的产品很容易不再被市场需要，在这个复杂多变的时代，英雄式领导模式应该渐渐淡出历史舞台，因为世界太复杂了，英雄式领导干部成名的时代，已经跟现在非常不一样了。和人性相关的管理经验，未来可能依然适用，和业务、环境相关的经验，可能会发生变化，不能路径依赖。	未来是年轻人的时代，还是一个依靠更多的创新才能卖货的时代，多用领导力，少用管理力，是管理学家们的共识。

主要要素	细分要素	金句	注释
软实力	商业模式	商业模式的目的是帮助企业像生物一样，主动跨越周期，最终形成指数型增长。一定要体现差异化和极致的特征，定位要么高端要么低端，坚决不做中端。常见的商业模式有生产模式、广告模式、平台模式等等，而平台模式，尤其是嵌入了大量个人IP的平台模式是未来发展的主流。商业模式不能嵌套太多，嵌套越多越脆弱，很多新的商业模式从本质来思考都是传销模式，资金最终汇集进入资金池，最终往往变成庞氏骗局、非法集资。传统商业模式要突出渠道的效率优势，能够跟跑平台模式的企业。以达利园为例，得道APP对达利园的模式进行了比较深刻的解读。达利园的商业模式是成熟品类+顶流明星+低价策略=下沉市场爆品，成熟品类使得客户不用教育，顶流明显让顾客觉得产品与其他品牌质量相当，低价策略体现性价比，6000家经销商覆盖了全国两三百万个销售点，可以深入到乡镇集市这样的毛细血管，一旦公司推新品，可以迅速铺货下去，和对标产品形成贴身跟随战术，同时，为了离各个区域市场更近，达利食品在全国18个省都建立了食品加工厂，可以快速响应当地市场需求、大大节约物流成本。海底捞的商业模式就是用最好的最人性的服务来增值，因为现在的人都太孤单了。商业模式需要体现聚焦人群，而且要让客户忠诚，还有让他们觉得忠诚有价值。梁宁在《增长思维三十讲》中解读了keep运动健身软件，这个软件提供了大量的运动视频，同时还涉及了很强的增强回路，比如它保存了客户核心的运动数据，还设计了瑜伽品类，就提升了社群的热度。徐志斌在《小群效应》里谈了一个规律，社群人群如果满足“三近一反”，这个社区就会热起来，也就是地域相近、年龄相近、兴趣相近，性别相反。王者荣耀就是在各个维度降低难度，吸引女性玩家进来，进来提升了热度。现在做私域流量，做社群也需要满足“三近一反”这个规则。对于中小企业，主要就是跟跑与复制，不需要研发，要把钱放到外包装和市场开发商，名字一定要洋气，比如ZARA。低端人群的精神溢价往往不好衡量，所以是好的利润来源。好的商业模式应该反脆弱，生物态的，协同共生的，而不是机械态的，是让极致的产品和明星不断长出来。比如稻盛和夫先生创立的阿米巴模式，也就海星模式，优于蜘蛛模式，蜘蛛模式一旦头部死亡了，公司就倒闭了，而海星模式，每个肢体都可以断裂形成一个新的公司。樊登在《可复制的领导力》中着重讲了韩都衣舍的例子，韩都衣舍在韩国一下子拿下200多个品牌的代理，然后交给淘宝各自独立的团队去运营，而且依靠先进的算法奖优罚劣，给足了机会，来推动品牌去成长，最终收获了一堆品牌的疯长。海星模式可以很好的形成裂变，让企业可以形成一个又一个不同的子公司去运营，总公司给予支持，当总公司看到那种生命力，就是给与支持不多的时候，还在疯长，这时候就把战略资源压上去，形成爆品。最好的商业模式是提出解决客户一个大的痛点，然后让更多的客户加入战队，与你一起来做，哪怕是为了让你更快的成功以解决他自己的痛点，他都会用尽全力去帮你，这样企业就会形成指数型增长，比如樊登提出的带领3亿中国人一起读书，而读书是每一个人的事情，哪怕自己没时间读，也愿意让周围人多读书，他的樊登读书APP就帮助很多不和睦的家庭，在一起学习的氛围中，变成了相亲相爱的家庭。读书是一件非常逆人性而且比较令人感到痛苦的事情，不像游戏，迎合的是人的欲望，即便如此，樊登读书在2021年末已经超过了5000万的用户。	商业模式是术，客群是道。要“以道驭术”。

参考文献

1. 正和岛 . 本质 [M]. 北京：机械工业出版社，2021

2. 李善友 . 第二曲线创新 [M]. 北京：人民邮电出版社，2019

3. 列纳德 · 蒙洛迪诺 . 弹性 [M]. 北京：中信出版社，2019

4. 杰里米 · 里夫金，特德 · 霍华德 . 熵：一种新的世界观 [M]. 上海：上海译文出版社，1987

5. 宫玉振 . 善战者 说 [M]. 北京：中信出版社，2020

6. 田涛，宫玉振，吴春波等 . 打胜仗 [M]. 北京：机械工业出版社，2021

7. 萨利姆 · 伊斯梅尔，迈克尔 · 马隆，尤里 · 范吉斯特 . 指数型组织 [M]. 杭州：浙江人民出版社，2015

8. 梁宁 . 增长思维三十讲 . 得到 APP

9. 梁宁 . 产品思维三十讲 . 得到 APP

10. 田涛 . 华为访谈录 [M]. 北京：中信出版社，2021

11. 邓斌 . 华为管理之道：任正非的 36 个管理高频词 [M]. 北京：人民邮电出版社，2019

12. 孙武 . 孙子兵法 [M]. 黄朴民，译注 . 合肥：安徽文艺出版社，2021

13. 彼得 · 德鲁克 . 卓有成效的管理者 [M]. 许是详，译 . 北京：机械工业出版社，2018

14. 彼得 · 德鲁克 . 德鲁克管理思想精要 [M]. 李维安，王世权，刘金岩，译 . 北京：机械工业出版社，2018

15. 戴天宇 . 从“如何管”到“如何不管”：企业自运行机制设计 [M]. 北京：北京大学出版社，2020

16. 阿尔弗雷德 · 阿德勒 . 自卑与超越 [M]. 马晓佳，译 . 北京：民主与建设出版社，2017

17. 杰弗里 · 韦斯特 . 规模：复杂世界的简单法则 [M]. 张培，译 . 北京：中信出版社，2018

18. 道格拉斯 . 麦格雷戈 . 企业的人性面 [M]. 韩卉，译 . 杭州：浙江人民出版社，2017

19. 樊登 . 可复制的领导力：樊登的 9 堂商业课 [M]. 北京：中信出版社，2018

20. 樊登 . 可复制的领导力 2：樊登的 7 堂管理课 [M]. 北京：中信出版社，2022

21. 里德 · 霍夫曼，本 · 卡斯诺查，克里斯 · 叶 . 联盟 [M]. 路蒙佳，译 . 北京：中信出版社，2015

22. 斯坦利 · 麦克里斯特尔 . 赋能：打造应对不确定性的敏捷团队 [M]. 林爽喆，译 . 北京：中信出版社，2017

23.L. 大卫・马凯特 . 授权：如何激发全员领导力 [M]. 袁品涵，译 . 北京：中信出版社，2019

24. 肖恩・埃利斯，摩根布朗 . 增长黑客：如何低成本实现爆发式增长 [M]. 张溪梦，译 . 北京：中信出版社，2018

25. 李靖 .OKR 完全实践 [M]. 北京：机械工业出版社 [M]. 北京：机械工业出版社，2020

26. 约翰・杜尔 . 这就是 OKR [M]. 曹仰锋，王永贵，译 . 北京：中信出版社，2018

27. 安迪・格鲁夫 . 只有偏执狂才能生存 [M]. 安然，张万伟，译 . 北京：中信出版社，2014

28. 尼尔・埃亚尔，瑞安・胡佛 . 上瘾：让用户养成使用习惯的四大产品逻辑 [M]. 钟莉婷，杨晓红，译 . 北京：中信出版社，2017

29. 丹尼斯・N・T・珀金斯，吉莉安・B・墨菲 . 危机领导力：领导团队解决危机的十种方法 [M]. 邓锋，译 . 北京：中信出版社，2014

30. 简・麦戈尼格尔 . 游戏改变世界 [M]. 闾佳，译 . 北京：北京联合出版公司，2016

31. 周良军，邓斌 . 华为数字化转型 企业持续有效增长的新引擎 [M]. 北京：人民邮电出版社，2021

32. 詹姆斯・卡斯 . 有限与无限的游戏：一个哲学家眼中的竞技世界 [M]. 马小悟，余倩，译 . 北京：电子工业出版社，2019

33. 大卫・奥格威 . 奥格威谈广告 [M]. 高志宏，译 . 北京：中信出版

社，2021

34. 武志红 . 自我的诞生 [M]. 北京：新星出版社，2022

35. 武志红 . 为何家会伤人 [M]. 北京：北京联合出版有限公司，2018

36. 宁向东 . 宁向东讲公司治理：共生的智慧 [M]. 北京：中信出版社，2021

37. 玛莎・斯托特 . 当良知沉睡：辨认身边的反社会人格者 [M]. 北京：机械工业出版社，2021

38. 乔纳 . 伯杰 . 疯传：让你的产品、思想、行为像病毒一样入侵 [M]. 北京：电子工业出版社，2020

39. 亚当・奥尔特 . 欲罢不能：刷屏时代如何摆脱行为上瘾 [M]. 闾佳，译 . 北京：机械工业出版社，2018

40. 许怡然 . 跟许怡然研究爆款游戏 . 得到 APP

感谢百度、抖音、B 站提供了大量的素材！